效率倍增！

WPS Office
2019
文字、演示和表格商务应用

王晓均◎编著

U0261030

中国铁道出版社有限公司

CHINA RAILWAY PUBLISHING HOUSE CO., LTD.

内 容 简 介

本书是一本专门介绍 WPS 使用技能和商务应用的工具书，全书共四个部分，12 章。第一部分主要介绍制作与编辑各类商务办公文档的相关内容；第二部分主要介绍制作与设计不同风格演示文稿的相关内容；第三部分主要介绍存储、计算、管理和分析表格数据等知识；最后一部分通过 3 个综合案例对前面讲解的知识进行综合应用，让读者融会贯通。

本书以案例制作贯穿全篇，定位于希望快速掌握 WPS Office 办公技能的用户，适合从事商务办公、财务、会计以及文秘工作的读者。此外，对 WPS Office 感兴趣的用户也可以参考，还可作为相关培训机构的教材使用。

图书在版编目（CIP）数据

效率倍增！WPS Office 2019 文字、演示和表格商务应用 / 王晓均编著 . —北京：中国铁道出版社有限公司 , 2021.8
ISBN 978-7-113-27665-2

Ⅰ . ①效… Ⅱ . ①王… Ⅲ . ①办公自动化 - 应用软件
Ⅳ . ① TP317.1

中国版本图书馆 CIP 数据核字（2020）第 273206 号

书　　名：效率倍增！WPS Office 2019 文字、演示和表格商务应用
　　　　　XIAOLÜ BEIZENG! WPS Office 2019 WENZI、YANSHI HE BIAOGE SHANGWU YINGYONG
作　　者：王晓均

责任编辑：张　丹　　　编辑部电话：（010）51873028　　　邮箱：232262382@qq.com
封面设计：宿　萌
责任校对：苗　丹
责任印制：赵星辰

出版发行：中国铁道出版社有限公司（100054，北京市西城区右安门西街 8 号）
印　　刷：北京柏力行彩印有限公司
版　　次：2021 年 8 月第 1 版　　2021 年 8 月第 1 次印刷
开　　本：700 mm×1 000 mm　1/16　印张：19.25　字数：316 千
书　　号：ISBN 978-7-113-27665-2
定　　价：79.80 元

前　言

编写目的

说到日常的商务办公，大多数人首先会想到Microsoft Office办公软件，其实国产的WPS Office办公软件同样可以高效地处理日常工作，包括文档制作、演示文稿的制作以及数据的管理、计算和分析等，因此受到了越来越多用户的关注。

虽然WPS Office功能强大，使用简便，但仍有许多用户对其组件的相关操作不是很熟悉，面对商务办公中的各种实际问题的处理也显得有些吃力，往往花费了大量时间，却无法达到自己预期的效果。

为了帮助更多的办公用户学会使用WPS Office软件，我们编写了本书。该书以WPS Office 2019为操作平台，全书通过具体的案例串联各种实用的文档、演示和表格知识，让读者在学习WPS操作知识的同时，也能够进行实战应用。

主要内容

本书总共12章，主要是对日常商务办公中涉及的各种文档制作、演示文稿制作、表格设计与数据分析所涉及的内容进行讲解，让用户切实掌握WPS Office办公软件的应用技能。全书主要分为四个部分，具体介绍如下。

内容划分	具体介绍
商务文档的制作 （第1～5章）	主要介绍使用 WPS Office 进行商务文档编辑的相关操作，包括商务办公文档的制作与编辑、运用图形对象编排图文并茂的商务文档、在文档中应用表格对象、WPS 审阅与批量文档的编排以及文档中样式与模板的应用等。
演示文稿制作与放映 （第6～8章）	主要介绍演示文稿制作与放映的相关操作与知识，包括制作统一风格的演示文稿效果、让幻灯片变得有声有色以及演示文稿的放映与输出等。
表格数据处理与分析 （第9～11章）	主要对表格数据的录入、计算、分析及图表的使用等进行介绍，包括 WPS 表格的创建与编辑、商务数据的计算与管理以及运用图表与透视功能分析数据等。
综合案例 （第12章）	综合案例部分主要是对前面介绍的知识进行综合运用，主要包括利用 WPS 文字制作公司活动企划书、制作新书推荐视频以及利用 WPS 表格管理企业工资数据。

内容特点

◎内容丰富，针对性强

本书包含大量的行业相关案例，操作详解和知识补充，更有丰富的TIPS（提示）栏目来扩展和补充知识，并对日常商务办公中存在的问题进行了解读，对涉及的软件技巧进行了讲解。

◎由浅入深，层次分明

本书通过具体的案例串联原来零散的知识点，在案例讲解过程中由浅入深，层次分明。另外，本书针对性较强，案例设计与制作的过程中讲解了具体的知识，可以给读者留下深刻的印象。

◎图文结合，简洁明白

本书在知识安排上，注重文本知识讲解与实际操作相结合，在整个案例制作与讲解的过程中，都大量采用图解表达方式，尤其在操作步骤中，更是一步一图，让整个操作步骤更清晰、流畅，也可以让读者能轻松地学习和掌握相关知识。

读者对象

本书适用于希望快速掌握WPS Office软件进行办公操作的初、中级用户，特别适合不同年龄段的办公人员、文秘、财务人员等。此外，本书也适用于家庭用户、社会培训学员使用，或作为各大、中专院校参考教材使用。

由于编者经验有限，在编写过程中难免出现纰漏或不足之处，恳请专家和读者不吝赐教。

资源赠送下载包

为了方便不同网络环境的读者学习，也为了提升图书的附加价值，本书案例素材及效果文件，以及赠送视频、办公模板等。请读者在电脑端打开链接下载获取学习。

扫一扫，
复制网址
到电脑端
下载文件

出版社网址：http://www.m.crphdm.com/2021/0706/14362.shtml

网盘网址：https://pan.baidu.com/s/1sRC_QgvJXafHAPB_32T_HA

提取码：ngps

编　者

2021年5月

目　录

第11章　运用图表与透视功能分析数据

第12章　综合应用案例

第1章
商务办公文档
的制作与编辑

文档的制作与编辑是商务办公中较为基础且常见的工作，WPS Office中的文字组件拥有强大的文档处理与编辑功能，能够帮助用户高效地处理文字。

内容思维导图

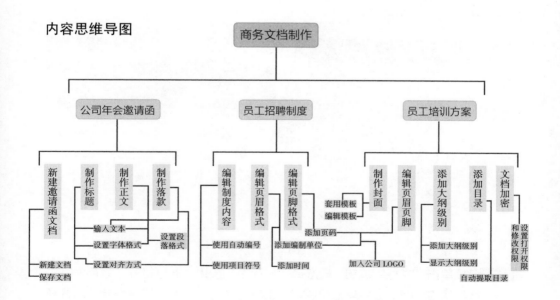

1.1 编制公司年会新闻发布会文档

公司年会新闻发布会主要是在公司召开年会之前，以新闻发布会的形式向外界人员、媒体以及社会人士告知公司即将开展年会活动的信息，包括主题、举办过程以及与会人员等。发布会文档主要是指发布会邀请函，下面将具体介绍公司年会新闻发布会邀请函的制作过程。

素材文件	◎素材\Chapter 1\无
效果文件	◎效果\Chapter 1\2019仕木科技公司年会新闻发布会邀请函.docx

1.1.1 新建公司年会新闻发布会文档

制作新闻发布会文档，首先需要打开WPS Office软件，创建一个空白文档，对其进行命名并保存在相应的位置。下面进行具体介绍。

`Step 01` 打开WPS Office应用程序，❶单击界面左侧的"新建"按钮，❷在打开的"新建"标签中单击"文字"选项卡，❸单击"新建空白文档"按钮，即可创建新文档，如图1-1所示。

图1-1

`Step 02` ❶单击"文件"按钮，❷选择"另存为"按钮，即可打开"另存为"对话框（新创建的文档，直接单击快速访问工具栏中的"保存"按钮也会自动打开"另存为"对话框），❸设置新建文档的保存位置，❹在"文件名"文本框中输入"2019仕木科技公司年会新闻发布会邀请函"，❺在"文件类型"下拉列表框中选择"Microsoft Word文件"选项，❻单击"保存"按钮即可，如图1-2所示。

图1-2

1.1.2　输入邀请函标题并设置格式

　　邀请函文档创建好后，首先需要录入邀请函文档标题，然后对标题设置相应的标题格式，下面将具体介绍文本录入及字体格式设置的相关操作。

Step 01 在"2019仕木科技公司年会新闻发布会邀请函"文档中切换合适的输入法，在文本插入点位置输入标题文本，如图1-3所示。

Step 02 ❶选择输入的标题文本，❷单击"开始"选项卡"段落"组中的"居中对齐"按钮，如图1-4所示。

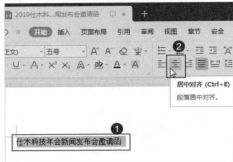

图1-3   图1-4

Step 03 ❶保持文本的选择状态，单击"开始"选项卡"字体"组中的"字体"下拉列表框右侧的下拉按钮，❷选择"方正大标宋简体"选项，❸单击"字号"下拉列表框右侧的下拉按钮，❹选择"二号"选项即可，如图1-5所示。

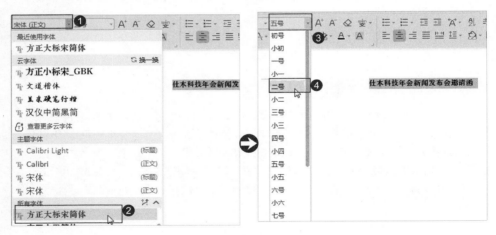

图1-5

Step 04 完成上述操作后即可查看到设置的标题效果，如图1-6所示。

仕木科技年会新闻发布会邀请函

图1-6

1.1.3 输入邀请函正文内容并设置格式

输入邀请函标题，并设置相应的字体格式后，接下来就需要输入邀请函的正文，并设置相应的字体格式和段落样式，使正文和标题区分开来，更加规范。

要实现这些效果，主要是通过"开始"选项卡的"字体"和"段落"组实现的，下面进行具体介绍。

Step 01 ❶将文本插入点定位到标题文本末尾，按【Enter】键换行，❷选择换行后的段落标记，❸设置字体为"宋体"，字号为"四号"，❹单击"开始"选项卡"段落"组中的"左对齐"按钮，如图1-7所示。

图1-7

Step 02 录入正文文本，❶选择录入的正文文本，❷单击"开始"选项卡"段落"组右下角的"对话框启动器"按钮，❸在打开的"段落"对话框"缩进和间距"选项卡的"缩进"栏中单击"特殊格式"下拉列表框，❹选择"首行缩进"选项，默认度量值为2字符，如图1-8所示。

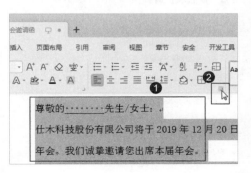

图1-8

Step 03 ❶在"间距"栏中的"段前"和"段后"数值框中分别输入"0.5"，❷在"行距"下拉列表框中选择"固定值"选项，❸在"设置值"数值框中输入"26"，❹单击"确定"按钮即可，如图1-9所示。

Step 04 ❶选择文档标题文本，打开"段落"对话框，在"缩进和间距"选项卡的"间距"栏中设置段后为"1"，❷单击"确定"按钮即可，如图1-10所示。

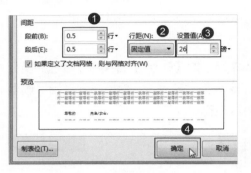
图1-9

图1-10

TIPS *"字体"对话框和"段落"对话框*

　　WPS中除了有专门的段落设置对话框，还有字体设置对话框。在"开始"选项卡"字体"组中单击"对话框启动器"按钮即可打开"字体"对话框，在其中可以对字体、字号、加粗、倾斜、颜色等进行详细设置。除此之外，选择要设置字体样式或段落样式的文本，单击鼠标右键，在弹出的快捷菜单中选择"字体"或"段落"命令也可打开对应的对话框。

Step 05 完成上述操作后即可查看设置的文档段落效果，如图1-11所示。

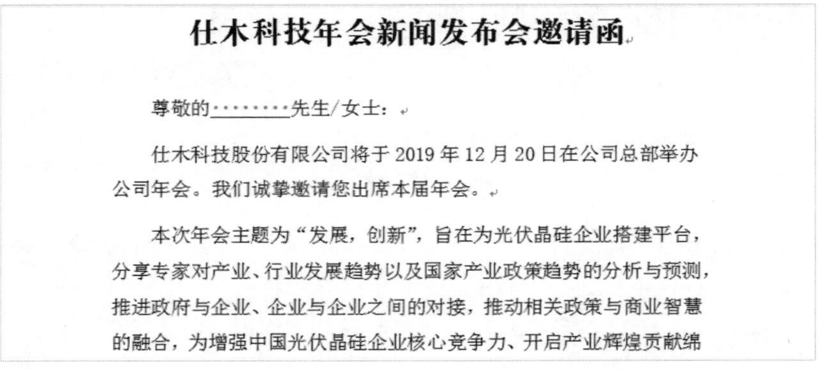

仕木科技年会新闻发布会邀请函

尊敬的⋯⋯⋯先生/女士：

　　仕木科技股份有限公司将于 2019 年 12 月 20 日在公司总部举办公司年会。我们诚挚邀请您出席本届年会。

　　本次年会主题为"发展，创新"，旨在为光伏晶硅企业搭建平台，分享专家对产业、行业发展趋势以及国家产业政策趋势的分析与预测，推进政府与企业、企业与企业之间的对接，推动相关政策与商业智慧的融合，为增强中国光伏晶硅企业核心竞争力、开启产业辉煌贡献绵

图1-11

1.1.4　制作邀请函的落款

落款虽然十分简单，但也是一份正式文件必不可少的一部分内容，通常情况下文档的落款包含两个部分，分别是发文者（单位、个人、部门或多部门联合等）和发文时间。下面具体介绍邀请函落款的相关制作操作。

Step 01 ❶将文本插入点定位到正文的最后，按两次【Enter】键换两行，输入发文者"仕木科技股份有限公司"，❷再次换行后输入发文时间"2019年11月"，如图1-12所示。

Step 02 ❶选择输入的两行落款文本内容，❷单击"开始"选项卡"段落"组中的"右对齐"按钮，最后按【Ctrl+S】组合键即可保存文档，如图1-13所示。

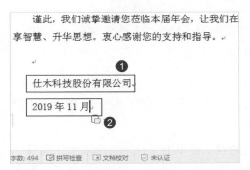

图1-12

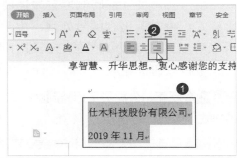

图1-13

Step 03 完成上述操作后即可查看最终文档的落款效果，如图1-14所示。

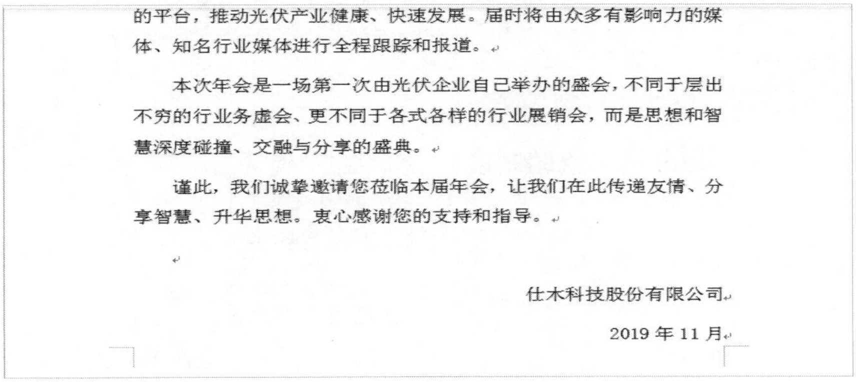

图1-14

1.2 编辑员工招聘制度文档

员工招聘制度主要是对企业招聘工作开展的具体规范和安排，合理的招聘制度和招聘方法能够帮助企业获得更多优质的人才。不仅如此，招聘制度还能作为相关招聘工作人员的行为守则。

素材文件	◎素材\Chapter 1\无
效果文件	◎效果\Chapter 1\公司员工招聘制度.docx

1.2.1 录入正文内容并添加自动编号

制作公司员工招聘制度首先需要将文本录入，并设置相应的格式和段落样式，再对其进行编号处理。由于手动输入编号可能会出现输入错误，所以可以通过自动编号的方式进行设置，主要通过"段落"组中的"编号"下拉按钮来完成。下面进行具体介绍。

Step 01 新建"公司员工招聘制度"文档，在其中录入制度内容并设置字体和段落格式，如图1-15所示。

Step 02 ❶选择需要添加自动编号的文档内容，❷单击"开始"选项卡"段落"组中的"编号"下拉按钮，❸在弹出的下拉菜单的"编号"栏中选择合适的编号样式即可，如图1-16所示。

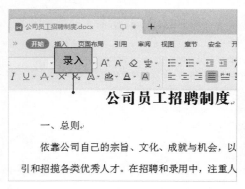

图1-15

图1-16

Step 03 完成上述操作后即可查看最终的自动编号效果，如图1-17所示，用同样的方法为需要添加自动编号其他的文档内容设置自动编号。

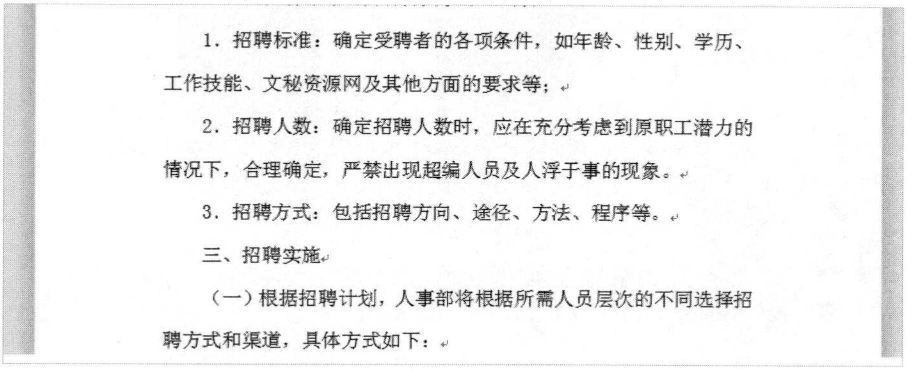

1．招聘标准：确定受聘者的各项条件，如年龄、性别、学历、工作技能、文秘资源网及其他方面的要求等；

2．招聘人数：确定招聘人数时，应在充分考虑到原职工潜力的情况下，合理确定，严禁出现超编人员及人浮于事的现象。

3．招聘方式：包括招聘方向、途径、方法、程序等。

三、招聘实施

（一）根据招聘计划，人事部将根据所需人员层次的不同选择招聘方式和渠道，具体方式如下：

图1-17

TIPS *文本自动编号的注意事项*

WPS能够自动识别手动输入的连续编号，用户进行自动编号时，手动输入的连续编号会被替换掉，不连续的，则需要手动删除部分原始编号。

如果用户不想使用自动编号，直接选择要取消编号的内容，单击“编号”按钮即可。

通常情况下，一个文档中的同一种自动编号样式在不同位置使用，其编号会呈现连续性。如果用户希望重新开始编号，则可以选择文本，单击鼠标右键，选择“重新编号”命令即可。

1.2.2 为要点内容添加对话框项目符号

对话框项目符号是WPS项目符号样式中的一种，对话框项目符号主要是添加在段落前，并且为这种段落设置不一样的样式，与其他段落进行区别。下面具体介绍如何为要点内容添加对话框项目符号。

Step 01 ❶选择需要添加对话框项目符号的文本段落，❷单击“开始”选项卡“段落”组中的“项目符号”下拉按钮，❸选择“自定义项目符号”命令，打开“项目符号和编号”对话框，如图1-18所示。

Step 02 ❶选择任意一种项目符号，❷单击“自定义”按钮，打开“自定义项目符号列表”对话框，如图1-19所示。

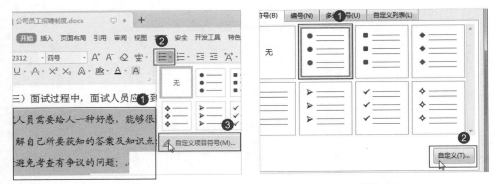

图1-18   图1-19

Step 03 ❶在"项目符号字符"栏中单击"字符"按钮，❷在打开的"符号"对话框中的"符号"选项卡中选择符号，❸单击"插入"按钮，如图1-20所示。

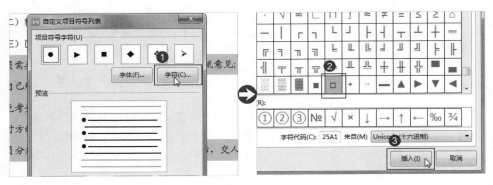

图1-20

Step 04 ❶返回到"自定义项目符号列表"对话框中即可预览效果，❷单击"确定"按钮即可，❸返回到文档中即可查看最终效果，如图1-21所示。

图1-21

1.2.3　为招聘制度文档设置页眉信息

页眉常用于显示文档的附加信息，可以插入时间、图形、公司徽标、文档标题、文件名及作者姓名等。这些信息通常打印在文档中每页的顶部。下面具体介绍在页眉部分添加作者信息的操作。

Step 01 ❶单击"插入"选项卡中的"页眉和页脚"按钮，即可进入页眉页脚编辑状态，❷在页面顶端出现的文本插入点位置录入作者信息，如图1-22所示。

图1-22

Step 02 ❶单击"页眉和页脚"选项卡中的"日期和时间"按钮，❷在打开的"日期和时间"对话框中的"可用格式"列表框中选择合适的时间格式，❸单击"确定"按钮即可，如图1-23所示。

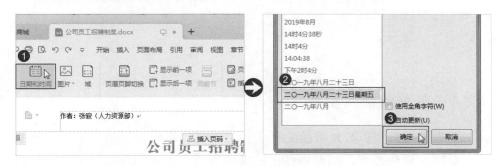

图1-23

Step 03 ❶选择页眉中的文本，❷在"开始"选项卡"字体"组中设置字体样式为"宋体"，字号为"小五"，加粗，❸切换到"页眉和页脚"选项卡，单击"关闭"按钮，退出页眉页脚编辑状态，如图1-24所示。

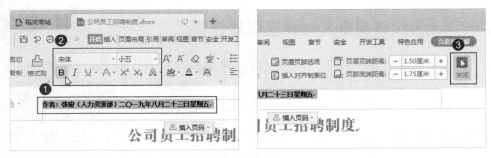

图1-24

Step 04 完成上述操作后即可返回文档查看页眉效果，如图1-25所示。

图1-25

TIPS 快速进入或退出页眉和页脚编辑状态

要进入页眉页脚编辑状态，还可以通过在页面顶部或底部双击鼠标左键即可快速进入页眉页脚编辑状态。完成页眉、页脚编辑后，双击页面中的其他区域或是按【Esc】键，即可退出页眉页脚编辑状态。

1.2.4 在页脚插入页码

页码在书籍和页数较多的文档中较为常见，页码可以帮助读者快速了解书籍或文档的面数，同时也便于读者检索想要了解的内容。常见的书籍或文档的页码都在页脚位置，下面具体介绍插入页脚的相关操作。

Step 01 将鼠标光标移动到页面的底部空白区域并双击，即可进入页眉页脚编辑状态，如图1-26所示。

Step 02 ❶单击页脚上方的"插入页码"下拉按钮，❷在弹出的下拉菜单中单击"样式"下拉列表框，❸选择"第1页 共×页"选项，如图1-27所示。

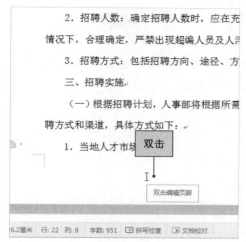

图1-26

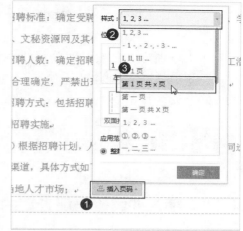

图1-27

Step 03 ❶在"位置"栏中选择"居中"选项，❷在"应用范围"栏中选中"整篇文档"单选按钮，❸单击"确定"按钮即可，如图1-28所示。

Step 04 为添加的页脚设置合适的字体格式，退出页眉页脚编辑状态，即可查看效果，如图1-29所示。

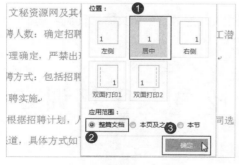

图1-28

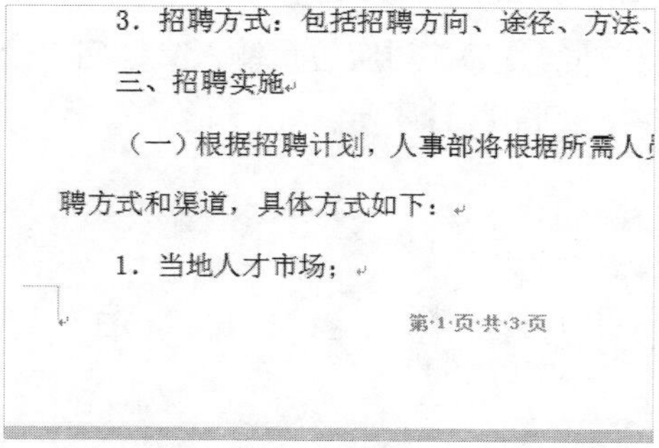

图1-29

TIPS *页眉页脚位置设置*

在WPS中不仅可以设置页眉、页脚的水平位置，还可以设置其垂直方向上的位置。只需要进入页眉页脚编辑状态，在"页眉和页脚"选项卡中的"页眉顶端距离"和"页脚底端距离"数值框中进行设置即可。

1.3 编辑公司员工培训方案

员工培训方案主要是对公司的组织培训进行具体介绍，主要包括培训目标、原则、培训内容以及方式等。在制作培训方案时，要注意内容的准确性和结构的规范性。

素材文件	◎素材\Chapter 1\员工培训管理\
效果文件	◎效果\Chapter 1\公司员工培训方案.docx

1.3.1 插入并编辑培训方案的封面页

为培训方案文档制作封面，能够提升文案的专业性，让整个文档看起来更有质感，更能展示企业形象。下面具体介绍插入并编辑封面页的相关操作。

Step 01 ❶打开"员工培训管理"文件夹中的"公司员工培训方案"素材，单击"章节"选项卡中的"封面页"下拉按钮，❷选择"格纹型"选项，即可插入封面，如图1-30所示。

Step 02 ❶在对应位置输入文档名、公司相关信息等，❷将文本移动到合适的位置，如图1-31所示。

图1-30

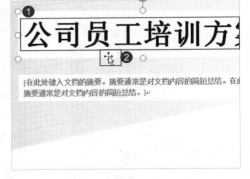

图1-31

Step 03 ❶选择副标题的占位符，直接输入副标题内容，❷并对其设置相应的字体格式，❸完成后即可查看封面效果，如图1-32所示。

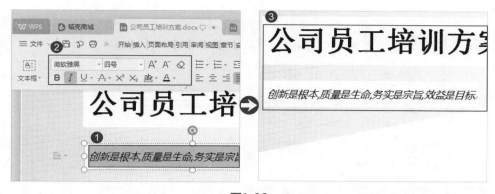

图1-32

1.3.2　在培训方案的页眉插入公司Logo

　　公司Logo对于企业来说十分重要，相当于公司的图标广告，它可以体现公司的核心理念和自身特点，一般公司中的各类文档，特别是需要对外展示的文档都会添加Logo。

　　在WPS中，页眉中的公司Logo主要是通过插入图片的方式实现的，通常情况下，添加Logo后还需要对其大小、位置等基本属性进行设置，下面进行具体介绍。

Step 01 单击"插入"选项卡中的"页眉和页脚"按钮，进入页眉页脚编辑状态，如图1-33所示。

Step 02 ❶将文本插入点定位到页眉位置，然后单击"页眉和页脚"选项卡中的"图片"下拉按钮，❷在弹出的下拉菜单中选择"来自文件"命令即可打开"插入图片"对话框，如图1-34所示。

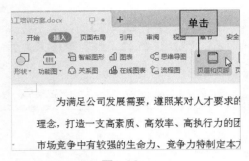

图1-33　　　　　　　　　　　　　图1-34

Step 03 ❶将位置切换到"员工培训管理"文件夹，❷选择其中的"Logo.jpg"素材，单击"打开"按钮即可插入图标，如图1-35所示。

Step 04 ❶选择插入的图标，❷单击"布局选项"按钮，❸在"文字环绕"栏中选择"浮于文字上方"选项，如图1-36所示。

图1-35　　　　　　　　　　　　　图1-36

Step 05 ❶将鼠标光标移动到插入的图标上，当鼠标光标变为十字箭头时，按下鼠标左键并拖动，调整位置，❷将鼠标光标移动到右下角的控制点上，按住【Shift】键不放，按下鼠标左键并拖动，即可等比例调整图标大小，如图1-37所示。

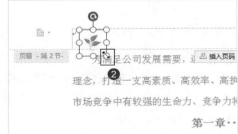

图1-37

Step 06 将图标调整合适后，退出页眉页脚编辑状态，即可查看最终效果，如图1-38所示。

图1-38

1.3.3　在培训方案页眉、页脚插入编制单位和页码

通常情况下公司文档都需要进行页码设置，而且通常是奇偶页页码分别在左侧和右侧显示，下面进行具体介绍。

Step 01 ❶进入页眉页脚编辑状态，将文本插入点定位到页眉，单击"开始"选项卡"段落"组中的"右对齐"按钮，❷输入公司名称，并设置字体、段落格式，如图1-39所示。

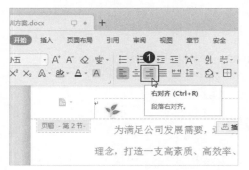

图1-39

Step 02 ❶将文本插入点定位到封面下一页的页脚位置并单击"插入页码"按钮，❷在"样式"下拉列表框中选择合适的页码样式，如图1-40所示。

Step 03 ❶在"位置"栏中选择"双面打印1"选项，❷在"应用范围"栏中选中"本页及之后"单选按钮，❸单击"确定"按钮即可，如图1-41所示。

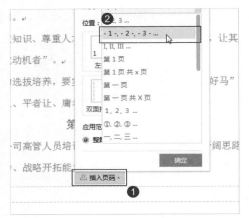

图1-40　　　　　　　　　　　　　　　图1-41

Step 04 完成设置退出页眉页脚编辑状态后即可查看添加的页码效果，如图1-42所示。

图1-42

1.3.4　为培训方案添加大纲级别

大纲级别是为文档中的段落指定等级结构（1级至9级）的段落格式。指定了大纲级别后，就可在大纲视图或文档结构视图中处理文档，让文档编辑工作更为方便、简洁。不仅如此，为文档段落设置合适的大纲级别，也可以帮助用户为文档添加目录索引。

Step 01 ❶选择要设置大纲级别的文本，这里选择"第一章　总　则"文本，❷单击鼠标右键，选择"段落"命令，❸在打开的"段落"对话框的"常规"栏中单击"大纲级别"下拉列表框，❹选择"1级"选项，如图1-43所示。以同样的方法，为所有的章设置大纲级别为"1级"。

图1-43

Step 02 ❶选择"第一节　高层管理人员"文本，❷设置其大纲级别为"2级"，❸选择"一、新员工培训目的"文本，❹设置大纲级别为"3级"，如图1-44所示。最后用同样的方法将其同类标题设置为相应的大纲级别。

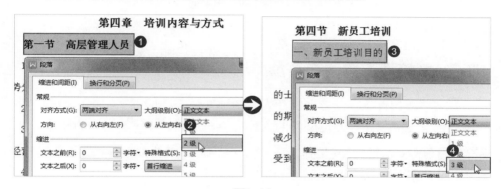

图1-44

Step 03 ❶单击"视图"选项卡下的"大纲"按钮即可激活"大纲"选项卡，❷单击"显示级别"下拉列表框右侧的下拉按钮，❸选择"显示级别3"选项，如图1-45所示。

图1-45

Step 04 ❶在文档编辑区即可查看到文档的结构，❷单击"大纲"选项卡下的"关闭"按钮即可退出大纲视图，如图1-46所示。

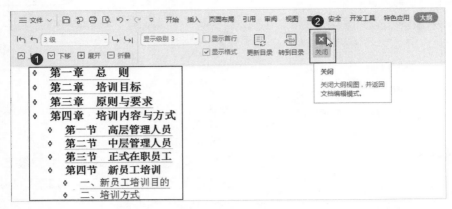

图1-46

1.3.5 为培训方案添加目录

为文档添加目录，一方面能让人清楚地知道文档的框架结构，另一方面是能让读者理清思路，知道文档的大致内容，下面具体讲解相关的操作。

Step 01 ❶将文本插入点定位到"第一章 总 则"文本左侧，❷单击"插入"选项卡中的"空白页"按钮即可插入空白页，如图1-47所示。

Step 02 将文本插入点定位到插入的空白页，❶单击"引用"选项卡下的"目录"下拉按钮，❷选择合适的目录样式，如图1-48所示。

图1-47

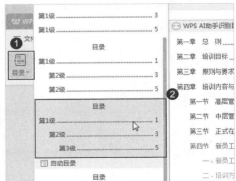

图1-48

Step 03 ❶选择"目录"文本，❷为其设置合适的字体样式和段落样式，❸完成后即可查看到添加的目录效果，如图1-49所示。

图1-49

TIPS 更新目录与通过目录跳转

　　用户如果为文档添加了目录，在对文档进行编辑的过程中导致文档的页码有所改变或者目录中的标题在文档中的位置发生改变时，可以通过单击"引用"选项卡下的"更新目录"按钮更新目录。

　　目录不仅可以展示文档结构，还可以方便读者快速找到目录对应的文档内容。只需要按住【Ctrl】键不放，当鼠标光标变为 时，单击想要查看的目录标题，即可跳转至文档内容。

1.3.6　给培训方案文档加密

　　随着信息化的高速发展，人们对信息安全的需求不断增加。当不希望别人查看或编辑自己的某些文档时，可以通过加密的方式对文档进行保护。在WPS中保护文档分为文档加密和编辑权限加密，文档加密主要是防止他人未经允许打开文档，编辑权限加密主要是防止他人未经允许恶意篡改文档内容，下面具体介绍相关操作。

Step 01 ❶单击"文件"选项卡，❷在弹出的下拉菜单中选择"文档加密"命令，❸在其子菜单中选择"密码加密"命令，如图1-50所示。

Step 02 ❶在打开的"密码加密"对话框中的"打开权限"栏中设置密码（PXWDJM123）和密码提示，❷在"编辑权限"栏中输入并确认密码

（WDBJ123），单击"应用"按钮即可，如图1-51所示。

图1-50

图1-51

Step 03 ❶完成设置后保存并关闭文档，再次打开时，则需要输入打开密码并单击"确定"按钮，❷继续输入文档编辑密码后单击"确定"按钮或是不输入密码直接单击"只读模式打开"文本都可以查看文档内容，如图1-52所示。

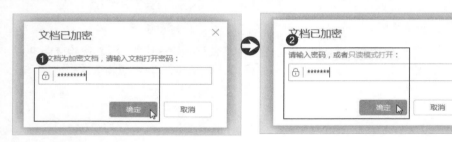
图1-52

TIPS 设为私密文档进行保护

　　密码保护虽然很安全，但目前仍然有许多解密软件可以破解密码，不仅如此，用户也可能存在密码遗忘的情况，这样就会十分麻烦。因此，用户可以将文档设置为私密文档，只有用户登录了WPS账户才可以查看。只需要单击"安全"选项卡下的"文档权限"按钮，在打开的"文档权限"对话框中打开"私密文档保护"按钮即可（需要用户注册账号并登录WPS）。

第2章
运用图形对象编排
图文并茂的商务文档

在日常的商务办公中，特别是要制作一些具有宣传作用的手册、说明书或组织结构图时，为了能够达到宣传效果或清晰说明的目的，通常都需要制作一些页面精美、版式灵活且图文并茂的文档，这也是本章讲解的重点。

内容思维导图

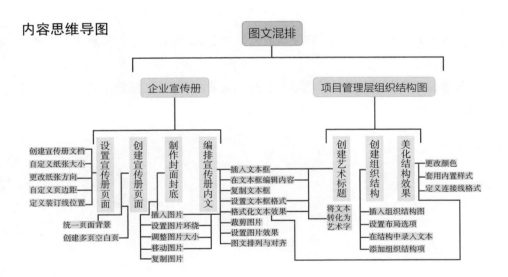

2.1 编排企业宣传册

企业宣传册一般以纸质材料或电子文档为直接载体，以企业文化、企业产品为传播内容的一种资料，它是企业对外最直接、最形象、最有效的宣传形式。宣传册也是企业宣传不可缺少的资料，它能很好地结合企业特点，清晰表达宣传的内容。

素材文件	◎素材\Chapter 2\企业宣传册\
效果文件	◎效果\Chapter 2\企业宣传册.docx

2.1.1 设置企业宣传册的页面格式

通常情况下企业宣传册制作比较精致，内容全面，页面格式可能并不是默认的A4纸，因此需要通过对页面进行设置等操作，以达到需要的页面效果。

下面将通过企业宣传册的制作来讲解设置文档页面大小、页边距、页面方向的相关操作。

Step 01 新建一个空白文档，将其重命名为"企业宣传册"，并设置保存路径，如图2-1所示。

Step 02 ❶单击"页面布局"选项卡下的"纸张大小"下拉按钮，❷选择"其他页面大小"命令，如图2-2所示。

图2-1

图2-2

Step 03 ❶在打开的"页面设置"对话框的"纸张大小"选项卡中的"宽度"数值框中输入"20"，❷在"高度"数值框中输入"16"，❸单击"页边距"选项卡，❹在"方向"栏中选择"横向"选项，如图2-3所示。

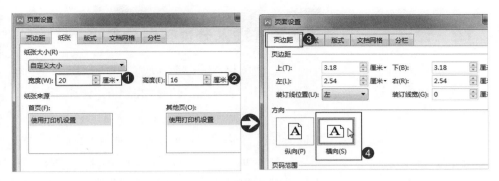

图2-3

Step 04 ❶在"上"和"下"数值框中分别输入"2.1"，❷在"左"和"右"数值框中分别输入"2.4"，如图2-4所示。

Step 05 保持"装订线位置"下拉列表框中选择的"左"选项，在"装订线宽"数值框中输入"0.8"，单击"确定"按钮即可，如图2-5所示。

图2-4

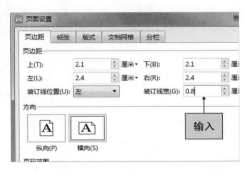

图2-5

TIPS *使用内置的页面样式*

　　WPS中内置了许多的页面设置样式，例如内置的页面大小、页边距，可以直接单击"纸张大小"或"页边距"下拉按钮，在弹出的下拉菜单中选择对应的选项即可。对于一些对页面样式要求不高的文档，可以通过这样的内置样式选项快速设置页面。

2.1.2 设置统一的背景颜色并插入分页符划分多页

一份精美的企业宣传册应当整体风格统一，可以为其设置统一的页面背景色，要实现这一页面效果，可以在页眉插入形状并填充相应的颜色来实现。

除此之外，制作企业宣传册通常需要多个页面，如果通过连续按【Enter】键的方式创建页面，比较麻烦，用户可以通过插入分页符的方式快速插入多个页面，下面具体讲解设置统一的背景颜色和插入分页符划分多页的相关操作。

Step 01 ①在页眉的空白位置单击鼠标右键，②在弹出的快捷菜单中选择"编辑页眉"命令进入页眉页脚编辑状态，如图2-6所示。

Step 02 ①单击"插入"选项卡下的"形状"下拉按钮，②在弹出的下拉菜单中的"矩形"栏中选择"矩形"选项，如图2-7所示。

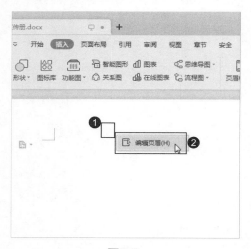

图2-6

图2-7

Step 03 当鼠标光标变为十字形状时，按下鼠标左键不放，拖动鼠标即可绘制形状，如图2-8所示。

Step 04 ①选择绘制的形状，②单击"绘图工具"选项卡下的"填充"下拉按钮，③在弹出的下拉菜单中选择"其他填充颜色"命令，如图2-9所示。

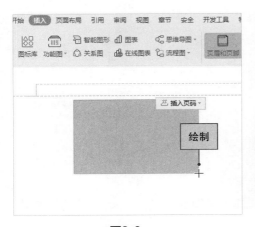

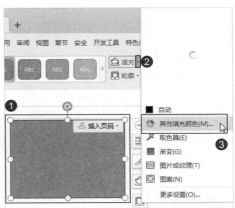

图2-8　　　　　　　　　　　　　　　　　图2-9

Step 05 ❶在打开的"颜色"对话框的"自定义"选项卡的"颜色"栏中选择合适的背景色，❷单击"确定"按钮即可，如图2-10所示。

Step 06 ❶保持形状的选择状态，单击"轮廓"下拉按钮，❷在弹出的下拉菜单中选择"无线条颜色"选项去掉形状的轮廓，如图2-11所示。

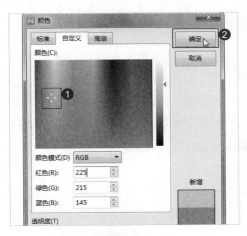

图2-10　　　　　　　　　　　　　　　　　图2-11

Step 07 将鼠标光标移动到形状上，按下鼠标左键进行拖动，使形状的左上角与页面的左上角重合，如图2-12所示。

Step 08 将鼠标光标移动到形状的右下角，按下鼠标左键进行拖动，使形状填满整个页面后释放鼠标左键即可，如图2-13所示。

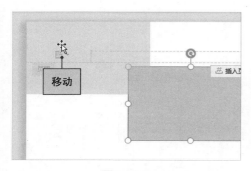

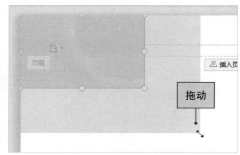

图2-12   图2-13

Step 09 ❶设置完成后切换到"页眉和页脚"选项卡，单击"关闭"按钮，❷即可查看最终效果，如图2-14所示。

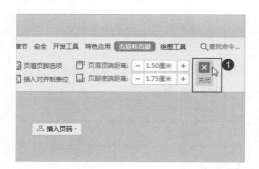

图2-14

Step 10 ❶单击"页面布局"选项卡下的"分隔符"下拉按钮，❷在弹出的下拉菜单中选择"分页符"选项即可快速插入一个与当前页面效果一样的页面，❸重复6次上述操作即可创建8个空白页面，如图2-15所示。

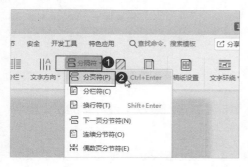

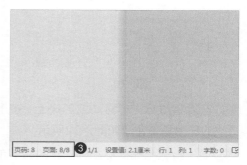

图2-15

TIPS *在窗格中设置形状效果*

　　除了在选项卡中设置形状的样式外，在WPS中还可以通过任务窗格进行设置。只需要在形状上单击鼠标右键，在弹出的快捷菜单中选择"设置对象格式"命令打开"属性"窗格，在其中即可设置形状的效果和样式。

2.1.3　插入宣传册封面和封底图片

　　在企业宣传册中不能仅仅使用单一的大量文字介绍公司的情况，还要学会添加各种各样的图片对象，不仅能让人感觉舒服，而且也能让他人对企业有直观的了解。

　　下面通过在宣传册的首页和尾页插入图片并设置图片格式为例，讲解具体的操作。

`Step 01` ❶切换到宣传册的第1页，并定位文本插入点，❷单击"插入"选项卡下的"图片"下拉按钮，❸在弹出的下拉菜单中选择"本地图片"命令，如图2-16所示。

`Step 02` ❶在打开的"插入图片"文本框中选择图片的保存路径，❷选择需要插入的图片，这里选择"1.png"素材，单击"打开"按钮即可插入图片，如图2-17所示。

图2-16

图2-17

`Step 03` ❶选择插入的图片，❷单击"图片工具"选项卡下的"环绕"下拉按钮，❸在弹出的下拉菜单中选择"浮于文字上方"选项，如图2-18所示。

Step 04 将图片移动到页面的左下角，将鼠标光标移动到图形的右上角，按住【Shift】的同时，按下鼠标左键进行拖动对图片进行等比例调整，如图2-19所示。

图2-18

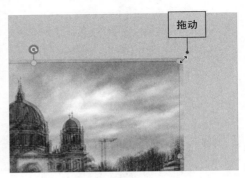

图2-19

Step 05 ❶完成图片大小的调整后再调整图片的位置，然后选择图片，❷单击"开始"选项卡"剪贴板"组中的"复制"按钮，如图2-20所示。

Step 06 切换到宣传册的最后一页，单击"开始"选项卡中的"粘贴"按钮即可将图片复制到该页中，调整图片的位置即可，如图2-21所示。

图2-20

图2-21

2.1.4 在文本框中输入宣传册标题

宣传册标题往往是企业宣传册的主要内容，也是必不可少的部分。为了让宣传册的版面更加灵活，方便后期进行精确修改，所以尽量使用文本框来布局文本内容。

下面通过在宣传册封面插入公司名称和广告语为例进行具体介绍。

Step 01 ❶切换到宣传册的第1页，单击"插入"选项卡中的"形状"下拉按钮，❷在弹出的下拉菜单中的"基本形状"栏中选择"文本框"选项，如图2-22所示。

Step 02 在页面右上角绘制一个文本框，此时文本插入点自动定位在文本框中，如图2-23所示。

图2-22

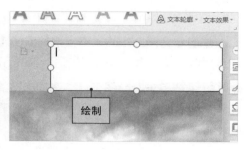

图2-23

Step 03 ❶切换到合适的输入法，在文本框中输入企业名称和对应的英文，❷选择文本框按住【Ctrl】键不放，再按下鼠标左键将其拖动到当前文本框下方，复制一个文本框，如图2-24所示。

Step 04 选择文本框中的内容，将其删除，重新输入相应的文本内容即可完成操作，如图2-25所示。

图2-24

图2-25

TIPS 快速跳转到页首和页尾

　　用户在制作页数较多的文档时，可能需要查看首页和尾页的效果，可以直接按【Ctrl+Home】组合键将文本插入点定位到首页；按【Ctrl+End】组合键即可快速将文本插入点定位到尾页，这样可以快速跳转到页首和页尾，从而提高效率。

2.1.5　设置文本框及文字效果

默认情况下插入的文本框为黑边、白色底纹的效果，这样的文本框在页面中显得十分突兀。为了让整个页面显示更加协调，需要对文本框和文字的效果进行设置，具体介绍如下。

Step 01 ❶选择上方的文本框，❷按住【Shift】键，选择下方的文本框，完成同时选择两个文本框的操作，如图2-26所示。

Step 02 ❶单击"绘图工具"选项卡下的"填充"下拉按钮，❷选择"无填充颜色"选项，取消文本框背景，如图2-27所示。

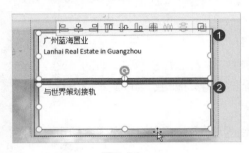

图2-26　　　　　　　　　　　　　　　　图2-27

Step 03 ❶保持两个文本框的选择状态，单击"绘图工具"选项卡下的"轮廓"下拉按钮，❷选择"无线条颜色"选项，取消文本框的边框效果，如图2-28所示。

Step 04 ❶选择上方的文本框，❷在"开始"选项卡中设置字体为"华文行楷"，字号为"小二"，如图2-29所示。

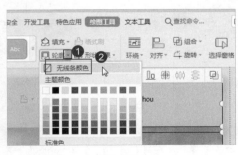
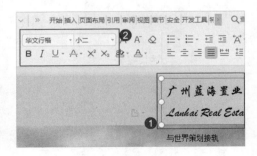

图2-28　　　　　　　　　　　　　　　　图2-29

Step 05 ❶选择下方的文本框，❷在"开始"选项卡中设置字体为"Arial"，字号为"小四"，加粗，如图2-30所示。

Step 06 ❶单击"字体颜色"下拉按钮，❷在弹出的下拉菜单中选择"其他字体颜色"命令，如图2-31所示。

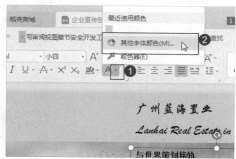

图2-30　　　　　　　　　　　　　　　　　图2-31

Step 07 ❶在打开的"颜色"对话框的"自定义"选项卡中选择合适的颜色或输入颜色值，❷单击"确定"按钮即可查看最终效果，如图2-32所示。

图2-32

2.1.6　在企业宣传册中插入图片并编辑

在文档中插入的图片，其图片大小、样式以及效果可能并不符合企业宣传册的样式要求，这就需要对其进行调整。具体操作如下。

Step 01 切换到企业宣传册的第2页，单击"插入"选项卡中的"图片"按钮，❶在打开的"插入图片"对话框中选择文件的保存位置，❷选择要插入的图片"这里选择"2.png"图片，单击"确定"按钮插入图片，如图2-33所示。

Step 02 ❶选择插入的图片，❷单击"图片工具"组中的"裁剪"下拉按钮，❸在"矩形"栏中选择"矩形"选项，如图2-34所示。

图2-33   图2-34

Step 03 ❶图片的四周出现裁剪控制点，将鼠标光标移动到控制点上，按下鼠标左键不放并进行拖动即可裁剪图片，❷单击"裁剪"按钮或按【Enter】键即可完成裁剪操作，如图2-35所示。

Step 04 将图片环绕方式更改为"浮于文字上方"，将图片移动到页面左上角，按住【Shift】键将图片等比例放大，如图2-36所示。

图2-35   图2-36

Step 05 ❶选择图片，单击"图片工具"选项卡中的"图片效果"下拉按钮，❷在弹出的下拉菜单中选择"柔化边缘/5磅"命令调整图片的效果，如图2-37所示。

Step 06 用前面介绍的方法在图片的右侧添加文本框并录入相应的文本，再为文本设置合适的字体格式和段落格式，如图2-38所示。

图2-37

图2-38

2.1.7　设置多个对象的自动对齐

在制作企业宣传册时，一个页面可能会分布多个图片对象、形状对象以及文本框对象，手动调整其位置往往不够准确，这时可以使用WPS中的对齐功能进行快速对齐，其具体操作如下。

Step 01 将文本插入点定位到第3个页面，打开"插入图片"对话框，选择要插入的图片"7.png"和"8.png"，如图2-39所示。

Step 02 ❶选择"7.png"图片，❷在"图片工具"选项卡下选中"锁定纵横比"复选框，❸在"高度"和"宽度"数值框中输入合适的数值，然后将环绕方式改为"浮于文字上方"，如图2-40所示。

图2-39

图2-40

Step 03 以同样的方法设置"8.png"图片的样式，❶将"7.png"置于页面的左下角，❷将"8.png"置于页面的右上角，如图2-41所示。

Step 04 ❶在"7.png"右侧插入文本框、录入文本并设置格式，❷在"8.png"
图片左侧插入文本框、录入文本并设置格式，如图2-42所示。

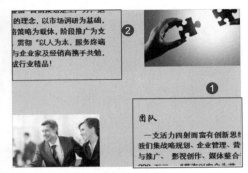

图2-41   图2-42

Step 05 ❶按住【Shift】键，分别选择上面的两个对象，❷单击"图片工具"选
项卡的"对齐"下拉按钮，❸选择"顶端对齐"选项，即可让两个对象按照顶端
对齐的方式进行对齐，如图2-43所示。以同样的方法设置下面两个对象的对齐。

Step 06 ❶按住【Shift】键，分别选择左侧的两个对象，❷单击"图片工具"选
项卡的"对齐"下拉按钮，❸选择"水平居中"选项，即可让两个对象进行居中
对齐，如图2-44所示。以同样的方法设置右侧两个对象的对齐。

图2-43   图2-44

TIPS *使用对齐功能的注意事项*

如果对页面中唯一的对象使用对齐功能，该对象以前页面为参照进行对
齐。需要注意的是，不是所有对象都可以使用对齐功能，图片或其他对象的环
绕方式为嵌入型时，则不能使用对齐功能。

2.1.8 插入形状并设置多张图片的层次排列

如果当前页面中的图片较多，依次排列不下时，可以将其进行层叠排列，会呈现出一些特别的效果。下面通过在企业宣传册的第6页层叠排列多张图片为例进行介绍。

Step 01 利用图片、文本框以及形状等方法制作企业宣传册的4、5页，然后将文本插入点定位到第6页，❶单击"插入"选项卡下的"形状"下拉按钮，❷选择"矩形"选项，如图2-45所示。

Step 02 ❶在页面中绘制长度为"0.1厘米"，宽度为"20厘米"的矩形，❷单击"绘图工具"选项卡的"填充"下拉按钮，选择"巧克力黄，着色2，深色50%"选项，如图2-46所示。

图2-45

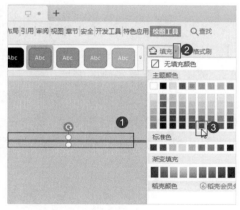

图2-46

Step 03 ❶将绘制的形状移动到合适的位置，在形状上方插入文本框并录入指定格式的文本，❷在形状的下方插入文本框录入相应的文本，并设置字体格式，如图2-47所示。

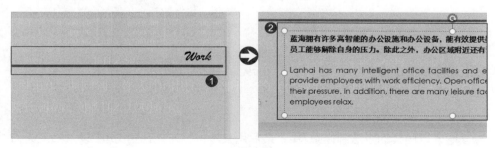

图2-47

Step 04 打开"插入图片"对话框，选择"4.png""5.jpg""6.png"，单击"插入"按钮在页面中插入这3张图片，并分别设置图片的环绕方式为"浮于文字上方"，调整图片大小，如图2-48所示。

Step 05 将设置好的3张图片移动到两个形状之间，并手动调整图片的位置，如图2-49所示。

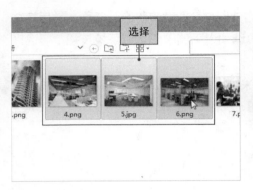

图2-48

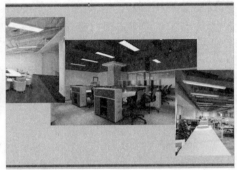

图2-49

Step 06 ❶选择最左侧的图片，❷单击"图片工具"选项卡下的"上移一层"下拉按钮，❸选择"置于顶层"选项，如图2-50所示。

Step 07 ❶选择最右侧的图片，❷单击"图片工具"选项卡下的"下移一层"下拉按钮，❸选择"置于底层"选项，如图2-51所示。

图2-50

图2-51

Step 08 ❶按住【Shift】键，选择当前页面中的所有图片，❷单击"图片工具"选项卡中的"对齐"下拉按钮，❸选择"横向分布"选项，让图片在水平方向上均匀分布，如图2-52所示。

Step 09 以同样的方法制作第7页，最后用文本框的方式在第8页中录入结束语和相关信息完成整个企业宣传册的制作，如图2-53所示。

图2-52

图2-53

2.2　编辑项目管理层组织结构图

　　项目管理层组织结构图是以图形的方式将项目中的管理人员按照从属关系进行展示，让项目内部工作人员以及其他项目负责人能够一目了然，这样既直观又形象。

素材文件	◎素材\Chapter 2\公司项目简介.docx
效果文件	◎效果\Chapter 2\公司项目简介.docx

2.2.1　使用文本框制作标题

　　文本框是指一种可移动、可调大小的文字或图形容器。在无法直接输入内容的图片等对象上，可以通过文本框的方式添加文字，下面具体介绍用文本框为公司项目简介文档制作标题的相关操作。

Step 01 ❶打开"公司项目简介"素材文件，单击"插入"选项卡中的"文本框"下拉按钮，❷选择"横向"选项，如图2-54所示。

Step 02 当鼠标光标变为十字形状时，在需要文本框的位置按下鼠标左键并拖动，绘制出文本框，如图2-55所示。

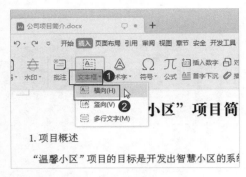

图2-54

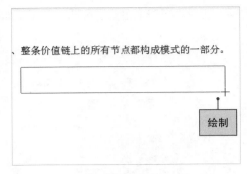

图2-55

Step 03 ❶文本框绘制完成后，文本插入点会自动定位在文本框中，直接输入标题即可，这里输入"项目管理层组织结构图"，❷为文本设置相应的字体格式，如图2-56所示。

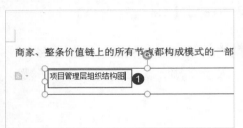

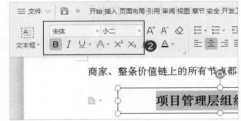

图2-56

Step 04 ❶选择文本框，❷单击"绘图工具"选项卡下的"轮廓"下拉按钮，❸在弹出的下拉菜单中选择"无线条颜色"选项，取消文本框的轮廓，❹即可查看最终效果，如图2-57所示。

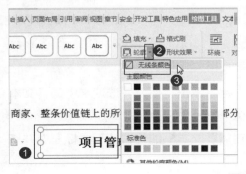

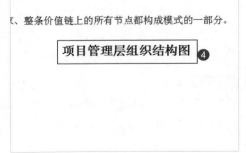

图2-57

TIPS "绘图工具"和"文本工具"选项卡

　　"绘图工具"和"文本工具"选项卡并不是默认存在的选项卡，只有当用户绘制对象或选择对象时，才会出现。

2.2.2　设置艺术字标题

　　艺术字是经过专业的字体设计艺术加工后的字体，字体具有美观有趣、易认易识等特性，是一种有图案意味或装饰意味的字体。WPS中内置了15种免费的艺术字样式，供用户使用，下面来具体介绍。

Step 01 ❶选择绘制的文本框，❷在"文本工具"选项卡下的艺术字列表框中选择合适的样式即可快速应用艺术字效果，如这里选择"填充-白色，轮廓-着色5，阴影"选项，如图2-58所示。

Step 02 设置完成后即可查看艺术字效果，如图2-59所示。

图2-58　　　　　　　　　　　　　　　　　图2-59

TIPS 其他方法插入艺术字

　　除了前面介绍的这种改变字体形式的方式插入艺术字外，还可以通过直接插入艺术字文本框的方式插入艺术字。首先单击"插入"选项卡下的"艺术字"下拉按钮，选择合适的艺术字样式，文档中会出现一个文本框，已经包含了艺术字样式，用户只需要重新输入文本即可完成艺术字的插入。

2.2.3 插入项目管理层组织结构图并录入文本

项目管理层组织结构图主要是展示企业项目管理者的具体结构，方便项目负责人和工作人员查看。组织结构图主要可以通过智能图形进行绘制，下面进行具体介绍。

Step 01 ❶单击"插入"选项卡下的"智能图形"按钮，❷在打开的"选择智能图形"对话框中选择"组织结构图"选项，单击"确定"按钮即可插入智能图形，如图2-60所示。

Step 02 ❶选择插入的图形对象，❷单击右侧的"布局选项"按钮，❸在"文字环绕"栏中选择"浮于文字上方"选项，如图2-61所示。

图2-60

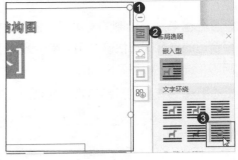

图2-61

Step 03 ❶将智能图形移动到合适的位置，❷并在其中需要的位置录入文本，如图2-62所示。

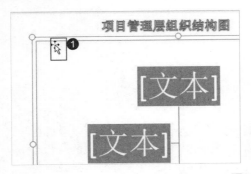

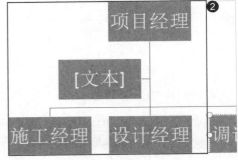

图2-62

2.2.4　添加并编辑智能图形

通常情况下的组织结构图可能不只5个项目，此时可以通过添加并编辑智能图形的方式来制作符合实际需要的图示。下面进行具体介绍。

Step 01　选择"项目经理"形状下方的形状，❶单击"设计"选项卡下的"下移"按钮，❷单击"降级"按钮，即可将其调整为"施工经理"形状的子形状，并在其中录入"资料管理员"，如图2-63所示。

Step 02　❶选择"施工经理"形状，❷在"设计"选项卡下单击"添加项目"下拉按钮，❸在弹出的下拉列表中选择"在下方添加项目"选项，如图2-64所示。

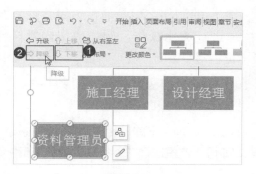
图2-63

图2-64

Step 03　❶在新添加的形状中录入文本，❷然后以同样的方式添加其他的形状并输入对应的文本，如图2-65所示。

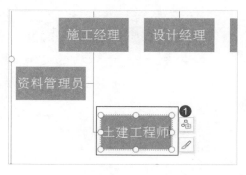

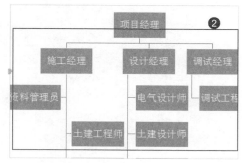

图2-65

TIPS 在智能图形中文本输入的说明

在WPS中，如果重新添加了新的图形，此时图形内部不会显示"[文本]"占位符，但仍然可以输入文本，只需要选择要输入文本的形状，直接输入即可录入文本。

2.2.5 美化结构图

经过上述步骤已经基本完成组织结构图的制作，但是通常为了让插入的图示结构更美观，还需要对智能图形进行美化操作，例如应用内置样式、设置连接线样式以及调整图示显示位置等。

下面通过为项目管理层组织结构图的样式进行美化为例，对其具体操作进行讲解。

Step 01 ❶选择整个智能图形，❷单击"设计"选项卡下的"更改颜色"下拉按钮，❸在弹出的下拉列表中选择合适的样式即可，这里选择"彩色"栏中的第5种样式快速设置图形形状的颜色，如图2-66所示。

Step 02 在"设计"选项卡下的列表框中选择合适的样式即可快速应用内置样式，如图2-67所示。

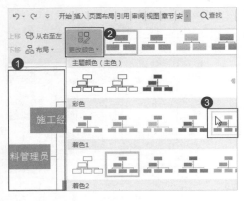

图2-66

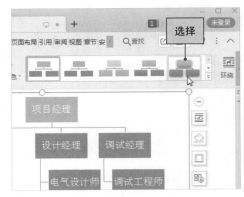

图2-67

Step 03 ❶选择"项目经理"形状下的连接线，❷单击"格式"选项卡下的"轮廓"下拉按钮，❸在弹出的下拉菜单中选择"巧克力黄，着色2，深色25%"选项，如图2-68所示。

Step 04 ❶再次弹出"轮廓"下拉菜单，选择"线型"命令，❷在其子菜单中选择"1.5磅"选项即可更改连接线的粗细，如图2-69所示。以同样的方法设置右侧线条的样式。

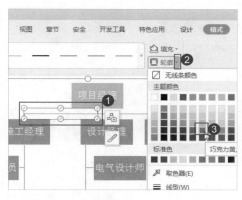

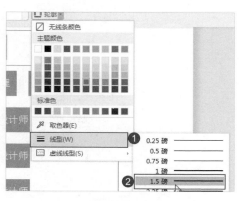

图2-68　　　　　　　　　　　　　　　图2-69

Step 05 用同样的方法将下一级的线条颜色设置为"橙色，深色4，着色25%"，线型为1.5磅，❶选择"资料管理员"形状对应的线条，❷单击"格式"选项卡下的"轮廓"下拉按钮，❸选择"虚线线型/方点"命令，如图2-70所示。

Step 06 ❶选择整个智能图形，❷在"开始"选项卡的"字体"组中设置字体格式为"微软雅黑，12"，如图2-71所示。

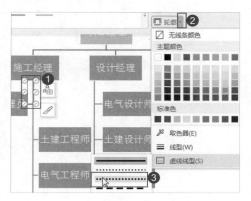

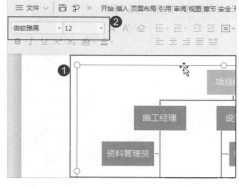

图2-70　　　　　　　　　　　　　　　图2-71

Step 07 ❶依次选择上面4个形状，❷在"开始"选项卡的"字体"组中单击"加粗"按钮，突出显示，如图2-72所示。

Step 08 完成上述设置后，调整智能图形的大小和位置，即可查看最终效果，如图2-73所示。

图2-72   图2-73

TIPS 删除智能图形

　　新创建的智能图形，如果其中有不需要的部分，则需要进行删除处理，选择不需要的部分，按【Delete】键即可删除；也可以在该形状上单击鼠标右键，选择"删除"命令将其删除。

第3章
在文档中应用表格对象

在许多商务办公文档中，为了让页面更简洁，数据表达更直观、简单，让整个文档显得更加规范、专业，往往都会使用表格来展示数据。

内容思维导图

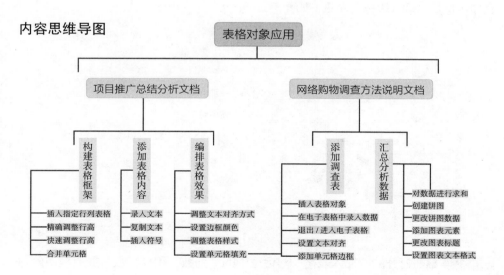

3.1 完善项目推广总结分析文档

项目推广分析文档主要是对某个项目进行推广前进行总结分析或是对某些工作进行安排的文档，从而确保项目分析能够与切实有效的进行。

素材文件	◎素材\Chapter 3\千岛明月项目推广总结分析.docx
效果文件	◎效果\Chapter 3\千岛明月项目推广总结分析.docx

3.1.1 插入指定行列的表格

在文档中，表格的用途有很多，例如展示项目相关数据、公示项目活动流程等。在WPS中，如果需要插入指定行列的表格，可以通过"插入表格"对话框进行设置，下面具体介绍相关操作。

`Step 01` 打开"千岛明月项目推广总结分析"素材，❶将文本插入点定位到要插入表格的位置，❷单击"插入"选项卡下的"表格"下拉按钮，❸在弹出的下拉菜单中选择"插入表格"命令，如图3-1所示。

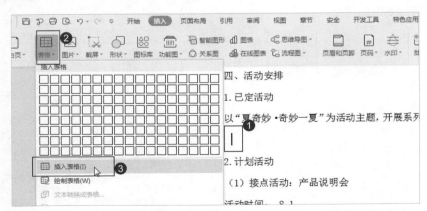

图3-1

`Step 02` ❶在打开的"插入表格"对话框中的"列数"和"行数"数值框中分别输入"5"和"6"，❷在"列宽选择"栏中选中"自动列宽"单选按钮，❸单击"确定"按钮即可，如图3-2所示。

`Step 03` 返回到文档中即可查看插入的表格，如图3-3所示。

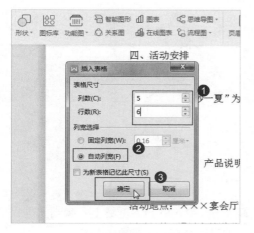

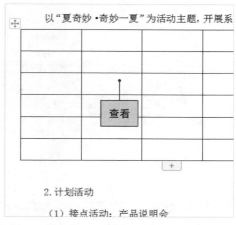

图3-2　　　　　　　　　　　　　　　　　图3-3

3.1.2　调整表格的行高

　　在默认情况下表格的高度都是根据表格内容自动调整的，这样容易造成各行的行高不符合要求。用户可以根据实际需求调整表格的行高，主要有手动调整和精确调整两种方式，下面具体讲解相关操作。

Step 01 ❶将文本插入点定位到第1个单元格中，按下鼠标左键进行拖动，选择前两行单元格，❷在"表格工具"选项卡中的"高度"数值框中输入"1.1厘米"，按【Enter】键确认即可，如图3-4所示。

Step 02 同样的，分别选择第4行和第6行单元格，设置高度为"1.1厘米"，如图3-5所示。

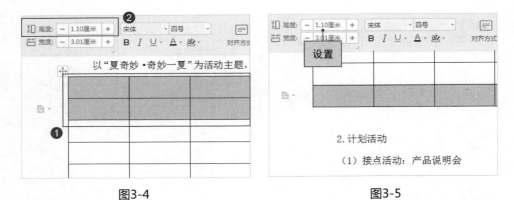

图3-4　　　　　　　　　　　　　　　　　图3-5

Step 03 ❶将鼠标光标移动到要调整行高的一行单元格的下框线上，❷当鼠标光标变为÷形状时，按下鼠标左键进行拖动，即可调整行高，如图3-6所示。

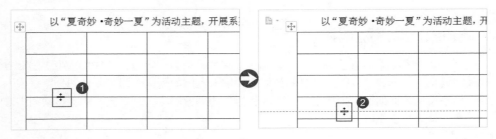

图3-6

TIPS 调整单元格列宽的方法

　　调整单元格列宽同样有两种方法，一是选择要调整列宽的单元格或列，在"表格工具"选项卡中的"宽度"数值框中输入列宽数值即可；二是像手动调整行高一样，拖动单元格的所在列的右框线即可。

3.1.3　合并表格的指定单元格

　　默认情况下创建的表格都是布局十分规范的，没有任何特殊格式。但是在实际应用中，需要的表格布局结构并不是那么单一、规整，这就需要根据需要进行单元格的合并，相关操作如下。

Step 01 ❶选择需要进行合并的多个连续单元格，这里选择第1行的5个单元格，

❷在"表格工具"选项卡中单击"合并单元格"按钮即可，如图3-7所示。

Step 02 ❶选择最后一行的5个单元格，❷单击鼠标右键，在弹出的快捷菜单中选择"合并单元格"命令即可，如图3-8所示。

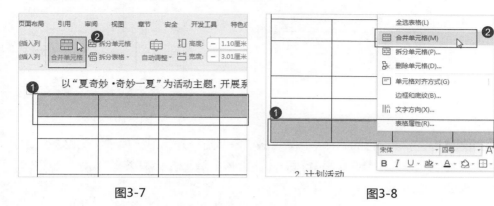

图3-7　　　　　　　　　　　　　图3-8

TIPS 选择单元格的其他方法和拆分单元格的操作

　　在文档中选择单元格，除了通过按住鼠标拖动进行选择外，还可以将鼠标光标移动到要选择单元格的左框线上，当鼠标光标变为➤形状时，单击鼠标即可选择。

　　在WPS中不仅可以合并单元格，还可以拆分单元。选择要拆分的单元格，单击"表格工具"选项卡下的"拆分单元格"按钮即可。

3.1.4　录入表头和表格内容

　　在表格中录入数据的操作与在文档中录入文本的操作基本相同。如果需要录入特殊字符可以通过插入特殊字符或借助输入法软件进行录入，下面进行具体介绍。

Step 01 将本文插入点定位到第1行合并的单元格中，输入"'奇妙之旅-跟着千岛明月奇妙一夏'课程设置"文本，如图3-9所示。

Step 02 以同样的方法在第2、3行分别输入对应的文本，如图3-10所示。

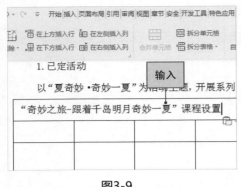

图3-9　　　　　　　　　　　　　图3-10

Step 03 ❶选择第2行的右侧4个单元格，❷单击"开始"选项卡"剪贴板"组中的"复制"按钮，❸选择第4行同一位置的4个单元格，❹单击"粘贴"按钮即可，如图3-11所示。

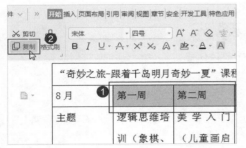 

图3-11

Step 04 ❶继续输入第5行的文本，将文本插入点定位到第5行最右侧单元格中，连续输入多个空格和"（待定）"，❷选择输入的空格，❸单击"开始"选项卡"字体"组中的"下划线"按钮即可添加下划线，如图3-12所示。继续输入其他文本，完成文本录入。

图3-12

Step 05 ❶将文本插入点定位到第1行文本前面，❷单击"插入"选项卡下的"符号"下拉按钮，❸在弹出的下拉菜单中的"自定义符号"栏中选择合适的符号即可插入符号，如图3-13所示。

Step 06 将文本插入点定位到最后一行文本前面，以搜狗输入法为例，❶单击输入法状态条右侧的"工具箱"按钮，❷在弹出的面板中单击"符号大全"按钮，如图3-14所示。

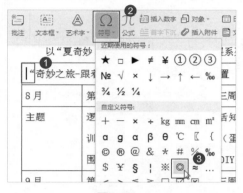

图3-13

图3-14

Step 07 在打开的"符号大全"窗口中，❶单击"特殊符号"选项卡，❷选择要插入的符号，即可插入符号，如图3-15所示。

Step 08 返回到文档中，即可在表格最后一行前面查看到插入的五角星符号，如图3-16所示。

图3-15

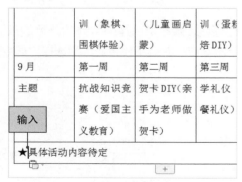

图3-16

3.1.5 设置数据在表格中的对齐方式

数据在表格中的对齐方式主要分为水平方向对齐和垂直方向对齐，WPS中提供了9种不同的对齐方式。下面具体介绍如何修改表格数据的对齐方式。

Step 01 将鼠标光标移动到表格上方时，表格的左上角会出现⊕标记，单击该标记即可选择整个表格，如图3-17所示。

Step 02 ❶单击"表格工具"选项卡中的"对齐方式"下拉按钮，❷在弹出的下拉列表中选择"中部两端对齐"选项，如图3-18所示。

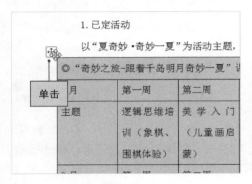

图3-17

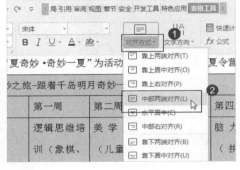

图3-18

Step 03 ❶分别选择第2行和第5行的单元格，❷单击"对齐方式"下拉按钮，❸选择"水平居中"选项，如图3-19所示。

Step 04 ❶分别选择第3行和第5行的首个单元格，❷在出现的迷你浮动工具栏中单击对应的对齐下拉按钮，❸选择"居中对齐"选项，如图3-20所示。

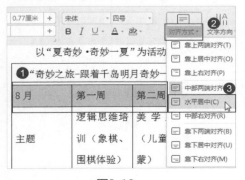

图3-19

图3-20

TIPS *在文档中选择文本的方法*

如果在文档中要快速选择一行、一段或整个文档，其方法是：将鼠标光标移动到文档编辑区域左侧的空白位置，当鼠标光标变为 形状时，单击鼠标，即可选择对应文档中的一行文本，双击鼠标即可选择对应的一段文本，三击鼠标即可选择整个文档。

3.1.6　修改表格的边样样式

默认情况下创建的表格，其表格线条、颜色以及粗细等都是系统默认的，要想制作的表格有所不同，可以对表格的边框样式进行不同修改，相关操作如下。

Step 01 ❶选择整个表格，❷单击"表格样式"选项卡下的"边框"下拉按钮，❸在弹出的下拉菜单中选择"边框和底纹"命令，如图3-21所示。

Step 02 ❶在打开的"边框和底纹"对话框中的"边框"选项卡中的"设置"栏中选择"方框"选项，❷单击"颜色"下拉按钮，❸选择合适的颜色，如图3-22所示。

图3-21

图3-22

Step 03 ❶单击"宽度"下拉列表框右侧的下拉按钮，❷在弹出的下拉列表中选择合适的宽度，这里选择"1.5磅"选项，如图3-23所示。

Step 04 ❶选择"设置"栏中的"自定义"选项，❷在"宽度"下拉列表框中选择"0.5磅"选项，❸单击"预览"栏中的▦按钮，❹单击▦按钮，最后单击"确定"按钮即可，如图3-24所示。

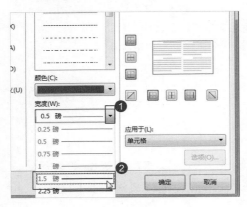

图3-23

图3-24

Step 05 选择表格的第1行单元格，打开"边框和底纹"对话框，❶直接单击"预览"栏中的▦按钮，❷单击"确定"按钮，如图3-25所示。

Step 06 选择表格的最后一行单元格，打开"边框和底纹"对话框，❶设置宽度为"1.5磅"，❷单击"预览"栏中的▦按钮，❸单击"确定"按钮，如图3-26所示。

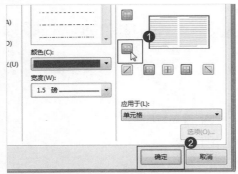

图3-25

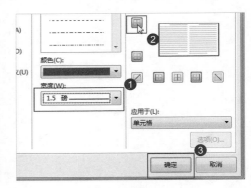

图3-26

TIPS *如何清除表格样式*

　　如果用户对设置的表格样式或当前存在的表格样式不满意，可以清除表格样式，重新进行设置。选择表格，单击"表格工具"选项卡下的"清除表格样式"按钮即可清除表格样式。

3.1.7 自定义表格的填充效果

自定义表格样式可以为表格内容起到一定的强调作用，对单元格进行填充更能加深这种突出效果。例如为表格的表头部分添加填充效果，让表格的表头更加突出，其具体操作如下。

Step 01 ❶选择表格的第2、4、6行单元格，❷单击"表格样式"选项卡下的"底纹"下拉按钮，在弹出的下拉菜单中选择合适的颜色，这里选择"巧克力黄，着色2，浅色60%"选项，如图3-27所示。

Step 02 ❶选择第1行单元格，❷单击"底纹"下拉按钮，❸选择"巧克力黄，着色2，深色25%"选项完成整个操作，如图3-28所示。

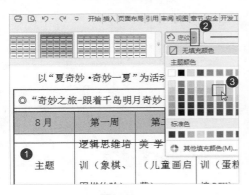

图3-27

图3-28

TIPS 自定义更多的底纹颜色

单击"表格样式"选项卡下的"底纹"下拉按钮，在弹出的下拉菜单中选择"其他填充颜色"命令即可打开"颜色"对话框，在"标准""自定义"和"高级"选项卡中可以设置更多的底纹颜色。

3.2 完善网络购物调查方法说明文档

网络购物调查方法说明文档通常会包含此次调查设计的相关内容和调查方式等信息，为了让调查结果更加清晰，方便计算，可以在文档中插入表格对象。

素材文件	◎素材\Chapter 3\网络购物调查方法说明.docx
效果文件	◎效果\Chapter 3\网络购物调查方法说明.docx

3.2.1 插入调查结果表格对象

在网络购物调查方法说明文档中不仅要将调查数据进行清晰地罗列，还需要对数据进行统计、分析。因此，最好使用表格对象来统计。下面首先介绍插入并录入表格数据的相关操作。

Step 01 打开"网络购物调查方法说明"素材，❶将文本插入点定位到要插入表格的位置，❷单击"插入"选项卡下的"对象"下拉按钮，❸在弹出的下拉菜单中选择"对象"命令，如图3-29所示。

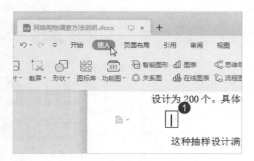

图3-29

Step 02 ❶在打开的"插入对象"对话框中选中"新建"单选按钮，❷在"对象类型"列表框中选择"Microsoft Excel Worksheet"选项，❸单击"确定"按钮即可创建表格，如图3-30所示。

图3-30

Step 03 ❶程序将自动打开电子表格并选择A1单元格，直接输入文本，❷按【→】键即可选择B1单元格，如图3-31所示。

Step 04 用同样的方法在表格中输入文本和数据，如图3-32所示。

图3-31   图3-32

Step 05 保存并关闭电子表格后，返回到文档中即可查看到插入的表格，如图3-33所示。

图3-33

3.2.2 设置电子表格的外观和效果

在文档中插入了表格对象后，可以看到此时表格样式为默认的，用户可以为电子表格设置合适的表格样式，如调整文本对齐方式、字体格式以及表格显示的大小等。相关操作如下。

Step 01 ❶双击文档中的表格对象，进入表格编辑状态，❷在打开的电子表格中选择A1:C12单元格区域，❸单击"开始"选项卡"单元格格式：对齐方式"组中的"水平居中"按钮，如图3-34所示。

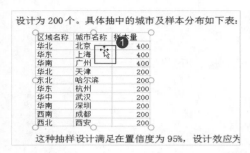

图3-34

Step 02 将鼠标光标移动到A列的列标右侧，当其变为左右双向箭头时，按下鼠标左键不放进行拖动，调整该列列宽，如图3-35所示。再以同样的方法调整其他列的列宽。

Step 03 ❶选择A1:C1单元格区域，❷在"开始"选项卡"字体"组中设置字体样式为"微软雅黑，12，加粗"，如图3-36所示。

图3-35

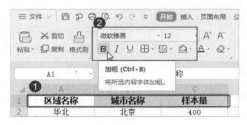

图3-36

Step 04 ❶选择A1:C1单元格区域，❷在"开始"选项卡"字体"组中设单击"填充"下拉按钮，❸在其下拉菜单中设置合适的填充色，如图3-37所示。

Step 05 ❶选择A1:C12单元格区域，❷在"开始"选项卡"字体"组中设单击边框下拉按钮，❸在弹出的下拉菜单中选择"所有框线"选项即可，如图3-38所示。

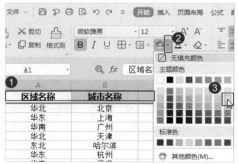

图3-37

图3-38

3.2.3　在电子表格中进行数据计算

在文档中应用电子表格对象，同样可以进行数据计算。下面以在表格中统计样本总量为例，介绍数据计算的相关操作。

Step 01 双击文档中的表格对象，进入表格编辑状态，❶在A12单元格中录入文本"合计"，❷选择C12单元格，❸单击"公式"选项卡下的"自动求和"下拉按钮，❹选择"求和"选项，如图3-39所示。

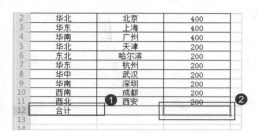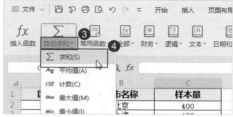

图3-39

Step 02 ❶系统会自动在C12单元格中输入计算公式，按【Ctrl+Enter】组合键即可快速计算，❷返回到文档中可查看计算结果，如图3-40所示。

图3-40

TIPS *修改电子表格数据*

完成表格对象的数据编辑返回文档后，插入的表格对象就视为一个对象，其中的数据无法进行更改。如果需要进行编辑，需要双击电子表格对象，在打开的电子表格编辑界面中进行编辑。

3.2.4 创建图表分析各地区的样本量

在文档中不仅可以插入表格，还可以插入图表分析数据，让数据展示更直观。另外，插入图表后，还可以对其样式、外观效果等进行修改，下面进行具体介绍。

Step 01 ❶将文本插入点定位到要插入图表的位置，❷单击"插入"选项卡下的"图表"按钮，如图3-41所示。

Step 02 ❶在打开的"插入图表"对话框中单击左侧的"饼图"选项卡，❷双击右侧要插入的饼图样式插入图表，如图3-42所示。

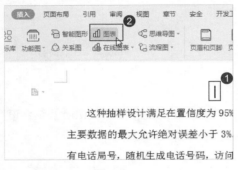

图3-41

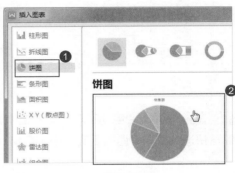

图3-42

Step 03 ❶选择创建的图表，单击鼠标右键，❷在弹出的快捷菜单中选择"编辑数据"命令，如图3-43所示。

Step 04 在打开的电子表格界面中录入相关数据，如图3-44所示。

图3-43   图3-44

Step 05 将鼠标光标移动到B5单元格右下角的选择框上，当鼠标光标变为双向箭头时，按下鼠标左键进行拖动，即可选择下方的3行数据，完成后保存并关闭电子表格窗口，如图3-45所示。

Step 06 ❶选择插入的饼图，❷单击"图表工具"选项卡下的"添加元素"下拉按钮，❸选择"图例/右侧"选项添加图例，如图3-46所示。

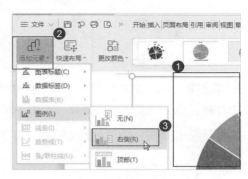

图3-45　　　　　　　　　　　　　图3-46

Step 07 ❶保持饼图的选择状态，单击"图表工具"选项卡下的"添加元素"下拉按钮，❷选择"数据标签/数据标签外"选项添加数据标签，如图3-47所示。

Step 08 ❶单击"图表工具"选项卡下的"添加元素"下拉按钮，❷选择"数据标签/更多选项"命令，打开任务窗格，如图3-48所示。

图3-47　　　　　　　　　　　　　图3-48

Step 09 ❶在"标签"选项卡的"标签选项"栏中选中"类别名称"复选框，❷选中"百分比"复选框，如图3-49所示。

Step 10 ❶单击"标签选项"栏中的"分隔符"下拉列表框右侧的下拉按钮，❷选择"分号"选项，最后关闭任务窗格，如图3-50所示。

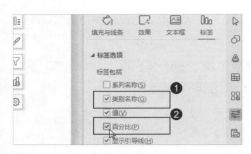

图3-49	图3-50

Step 11 ❶在"图表标题"文本框中输入"不同地区样本量统计分析"，❷设置字体格式为"方正大标宋简体，小二，加粗"，如图3-51所示。

Step 12 用同样的方法为数据标签、图例分别设置字体样式，如图3-52所示。

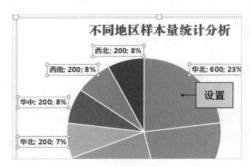

图3-51	图3-52

TIPS 将图表另存为图片

为了防止他人恶意修改图表中的数据，用户可以将图表另存为图片。只需要在图表上单击鼠标右键，选择"另存为图片"命令将其保存为图片，再将图片插入到文档中即可。

第4章
WPS审阅
与批量文档的编排

　　WPS的审阅功能在日常商务办公中的应用十分广泛，极大地方便了用户审阅文本数据。除此之外，对于一些批量生成的文档、通知等工作，在WPS中也可以轻松、高效地完成。

内容思维导图

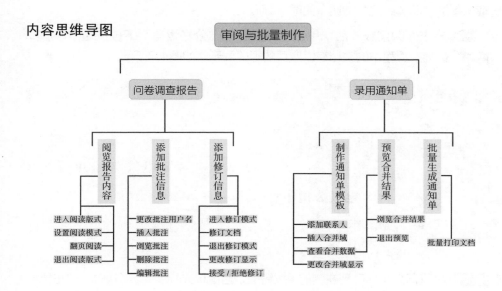

4.1 审阅问卷调查报告

问卷调查报告主要是对某项工作、某个时间、某个问题经过调查、分析后，将收集到的材料和数据进行整理和分析，从而生成的书面形式的报告，以便向上级领导进行汇报。

素材文件	◎素材\Chapter 4\××电气公司年度员工满意度调查报告.docx
效果文件	◎效果\Chapter 4\××电气公司年度员工满意度调查报告.docx

4.1.1 阅览问卷调查报告的内容

当负责汇总分析调查问卷的工作人员将数据和信息进行整理后，就要发送给相关领导审阅。为了方便查看文档，可设置不同的视图模式，例如大纲、阅读版式等。下面具体讲解相关操作。

Step 01 ❶打开"××电气公司年度员工满意度调查报告"素材，❷单击"视图"选项卡下的"阅读版式"按钮，如图4-1所示。

Step 02 ❶进入阅读版式后，单击页面顶部的"分栏设置"下拉按钮，❷选择"两栏"选项，页面中的文档将以双页的形式展示，如图4-2所示。

图4-1

图4-2

Step 03 将鼠标光标移动到右侧的 ▶ 按钮上，当鼠标光标变为 ▷ 形状时，单击鼠标左键可以向后翻页，如图4-3所示。同样的单击左侧的按钮可以向前翻页。

Step 04 完成文档阅读后，单击页面右上角的"退出阅读版式"按钮后文档即可变为页面视图，如图4-4所示。

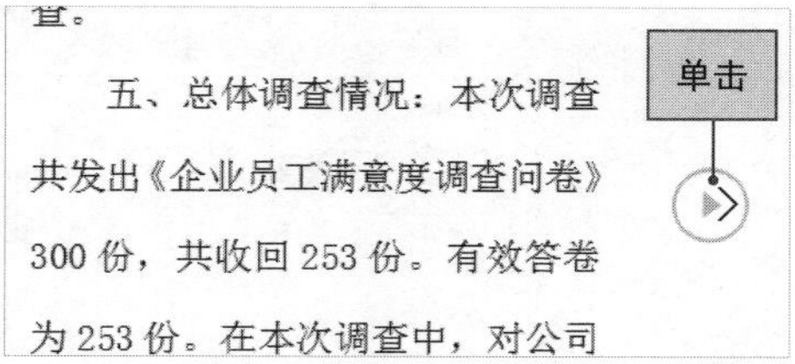

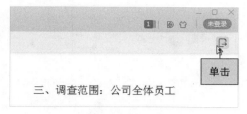

五、总体调查情况：本次调查
共发出《企业员工满意度调查问卷》
300 份，共收回 253 份。有效答卷
为 253 份。在本次调查中，对公司
单击

图4-3

未登录
单击
三、调查范围：公司全体员工

图4-4

TIPS *阅读模式下的全屏阅读*

在阅读模式下单击视图栏中的“全屏显示”按钮即可进入全屏显示状态。此时屏幕中会出现一个浮动状态栏，可以对屏幕缩放比例进行调整，方便读者阅读，单击浮动状态栏中的“退出”按钮，或按【Esc】键即可退出全屏模式，如图4-5所示。

据所得，绝大部分员工都比较满意公司的各
，员工满意度达 85.89%，达到企业的质量目
110%
未登录
110%
退出
工都比较满意公司的各项工作，员工

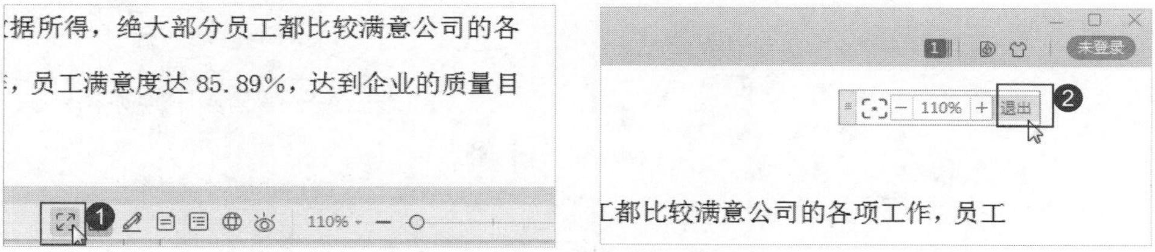

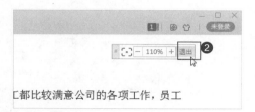

图4-5

4.1.2　对问卷调查中不清楚的地方进行批注

在WPS中，如果需要对其中不清楚的地方进行修改，而又不想影响原文，可以使用批注进行展示。不仅如此，用户还可以将用户名改为批注人的姓名，方便其他用户查看。相关操作如下。

Step 01 ❶单击“文件”按钮，❷在弹出的下拉菜单中选择“选项”命令，如图4-6所示。

Step 02 ❶在打开的“选项”对话框中单击左侧的“用户信息”选项卡，❷在右侧“用户信息”栏中的“姓名”文本框中输入“王经理”，单击“确定”按钮，如图4-7所示。

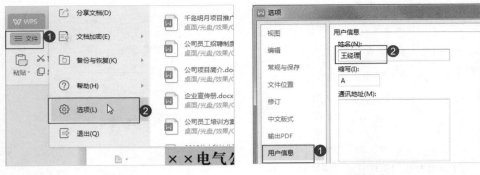

图4-6   图4-7

Step 03 ❶选择标题文本，❷在"审阅"选项卡中单击"插入批注"按钮，添加一个批注框，如图4-8所示。

Step 04 程序会自动将文本插入点定位到批注框中，并在其中输入"为所有的标题样式设置大纲级别"文本，如图4-9所示。

图4-8   图4-9

Step 05 ❶继续对文档添加批注，❷完成后单击"审阅"选项卡中的"下一条"按钮，可以依次浏览所有批注，如图4-10所示。

图4-10

Step 06 ❶在浏览批注的过程中发现多余的批注，直接单击"审阅"选项卡下的"删除"下拉按钮，❷选择"删除批注"选项即可，如图4-11所示。

Step 07 在浏览过程中发现需要修改的批注，直接选择需要修改的部分重新输入即可，如图4-12所示。

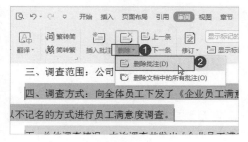

图4-11

图4-12

> **TIPS** 快速编辑批注
>
> 在WPS中，插入批注后批注框的右上角会有一个"编辑批注"下拉按钮，单击该下拉按钮，在弹出的下拉列表中即可快速编辑批注，包含"答复""解决"和"删除"3个选项，供用户使用。

4.1.3 在问卷调查中添加修订信息

在实际工作中，将文档发送给领导审阅时，若发现很明显的错误情况需要修改，可以直接在文档中进行修订。

修订通常是由一方对文档内容进行修改，同时还要将修改后的文档返回给原作者，由原作者确定是否接受这些修订。相关操作如下。

Step 01 ❶将文本插入点定位到文档中的任意位置，单击"审阅"选项卡下的"修订"下拉按钮，❷在弹出的下拉菜单中选择"修订"选项，进入文档修订状态，如图4-13所示。

Step 02 选择文档中要删除的部分，直接按【Backspace】键或【Delete】键完成删除修订，如图4-14所示。

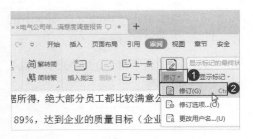

图4-13　　　　　　　　　　　　　　　图4-14

Step 03 选择需要进行修改的文本，然后重新输入即可完成修改文本的修订，如图4-15所示。

Step 04 将文本插入点定位到要插入文本的地方，直接录入文本，即可完成插入内容的修订，如图4-16所示。

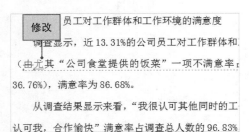

图4-15　　　　　　　　　　　　　　　图4-16

Step 05 ❶单击"审阅"选项卡下的"修订"下拉按钮，❷选择"修订"选项，可退出修订状态，如图4-17所示。

Step 06 ❶单击"审阅"选项卡下的"显示标记"下拉按钮，❷选择"使用批注框/以嵌入方式显示所有修订"选项，更改为嵌入式显示方式，如图4-18所示。

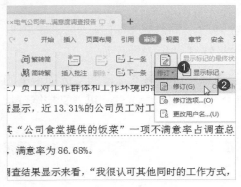

图4-17　　　　　　　　　　　　　　　图4-18

TIPS *修订内容说明*

在WPS中进行修订时，要删除的内容会显示为红色和删除线，要添加的内容则显示为红色并加红色下划线。

4.1.4 接受/拒绝修订信息

将文档返回给原作者，原作者在查看修订内容后，如果觉得修订内容是正确的，那么就接受修订，用正确的修订内容替换原来错误的文本；如果觉得修订内容错误，也可以拒绝修订，保留原来的内容。相关操作如下。

Step 01 首先将显示标记的方式更改为"在批注框中显示修订者信息"，❶单击"下一条"按钮，定位到第一条修订内容，接受修订则单击"审阅"选项卡的"接受"下拉按钮，❷选择"接受修订"选项，如图4-19所示。

Step 02 在浏览过程中如果觉得修订内容错误，❶单击"审阅"选项卡的"拒绝"下拉按钮，❷选择"拒绝所选修订"选项即可，如图4-20所示。

图4-19

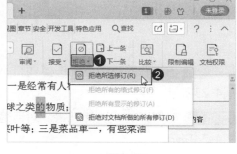

图4-20

4.2　批量制作录用通知单

录用通知单是应聘员工参加公司组织的面试，并能够达到公司要求时，由公司统一发放的一种通知同意应聘者到公司工作的文书，这种文档大部分内容相同，只有应聘员工信息不相同。

素材文件	◎素材\Chapter 4\录用通知\
效果文件	◎效果\Chapter 4\录用通知\

4.2.1 向文档中插入合并域

在插入合并域之前，首先需要打开数据源，然后将数据源中的信息插入到文档中，得到最终效果。

下面以在"录用通知单"文档中插入姓名、身份证号码、应聘部门、应聘岗位等信息为例，进行讲解。

Step 01 ❶打开"录用通知单"素材，❷单击"引用"选项卡下的"邮件"按钮，激活"邮件合并"选项卡，如图4-21所示。

Step 02 ❶在"邮件合并"选项卡中单击"打开数据源"下拉按钮，❷选择"打开数据源"命令，如图4-22所示。

图4-21

图4-22

Step 03 在打开的对话框中选择要打开的数据源，单击"确定"按钮即可，如图4-23所示。

Step 04 在打开的"选择表格"对话框中直接单击"确定"按钮打开数据，如图4-24所示。

图4-23

图4-24

Step 05 ❶将文本插入点定位到文档中第一个下划线位置，❷单击"邮件合并"选项卡下的"插入合并域"按钮，❸在打开的对话框的"域"列表框中选择"姓名"选项，单击"插入"按钮，如图4-25所示。

Step 06 用同样的方法向其他位置插入合并域，如图4-26所示。

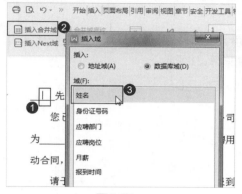

图4-25

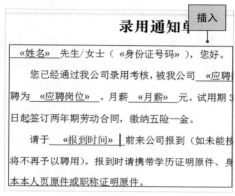

图4-26

Step 07 完成上述操作后，❶单击"邮件合并"选项卡中的"查看合并数据"按钮，❷可以查看到添加后的效果。此时，发现文档中的时间没有按照数据源中的格式显示，如图4-27所示。

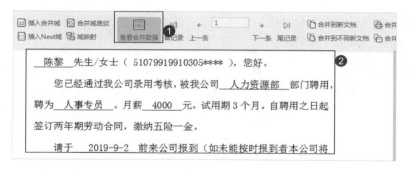

图4-27

TIPS *数据源注意事项*

在WPS中，打开上述数据源操作时，不能打开文件扩展名为".xlsx"的电子文件，因此，用户在准备数据源时，最好选择其他格式。

4.2.2　更改日期格式

在4.2.1小节中可以发现，插入的时间显示为"2019-9-2"格式，显然这样的显示方式不符合通知单的要求，需要将格式重新设置为"×年×月×日"格式，其具体操作如下。

Step 01 ❶选择通知单中插入的"报到时间"合并域，单击鼠标右键，❷在弹出的快捷菜单中选择"切换域代码"命令，如图4-28所示。

Step 02 在"}"符号前输入文本"\@YYYY年M月D日"，如图4-29所示。

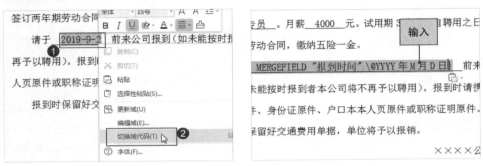

图4-28　　　　　　　　　　　　　　　　　　图4-29

Step 03 ❶同样选择该合并域，单击鼠标右键，❷在弹出的快捷菜单中选择"更新域"命令，如图4-30所示。

Step 04 设置完成后，可以在通知单中查看最终效果，时间格式已经转换为"×年×月×日"，如图4-31所示。

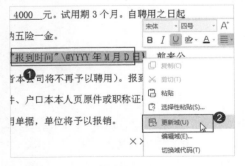

图4-30

图4-31

4.2.3　预览邮件合并结果

　　在通知单中插入合并域后，通常是以字段名的方式进行显示，用户如果需要查看合并后所有通知单的整体效果，就需要对邮件合并后的效果进行预览，查看其是否符合要求。相关操作如下。

Step 01 在"邮件合并"选项卡中单击"查看合并数据"按钮，此时程序会自动将字段名显示的合并域转换为第一个应聘者的信息，如图4-32所示。

Step 02 单击"邮件合并"选项卡中的"下一条"按钮，程序将会自动将合并数据变更为下一个应聘者的信息，如图4-33所示。

图4-32

图4-33

Step 03 单击"尾记录"按钮，程序将自动把合并域位置的数据转换为录用名单中最后一位应聘者的信息，如图4-34所示。

Step 04 单击"邮件合并"选项卡中单击"查看合并数据"按钮，即可退出合并结果的预览状态，如图4-35所示。

图4-34

图4-35

TIPS 预览上一条和第一条结果

如果用户需要预览邮件上一条结果，直接单击"邮件合并"选项卡下的"上一条"按钮即可。如果要快速预览通知单的第一条结果，直接单击"首记录"按钮即可。

4.2.4　打印录用通知单

完成联系人的添加和合并域的插入后，就可以利用邮件合并功能生成多个文档、合并到电子邮件或者合并到打印机。

下面以按录用名单中的顺序打印所有录用通知单文档为例，讲解打印通知单的具体操作。

`Step 01` ❶单击"邮件合并"选项卡中的"合并到打印机"按钮，❷在打开的"合并到打印机"对话框中选中"全部"单选按钮，❸单击"确定"按钮，如图4-36所示。

`Step 02` 在打开的"打印"对话框中选择可用的打印机，并对文档打印进行相关设置，最后单击"确定"按钮即可打印通知单，如图4-37所示。

图4-36

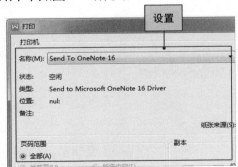

图4-37

第5章
文档中样式
与模板的应用

在日常商务办公中，要想提高办公文档的制作效率，让工作更高效，可以使用WPS中的样式与模板功能，提前制定好样式和模板，让日后的工作更方便。

内容思维导图

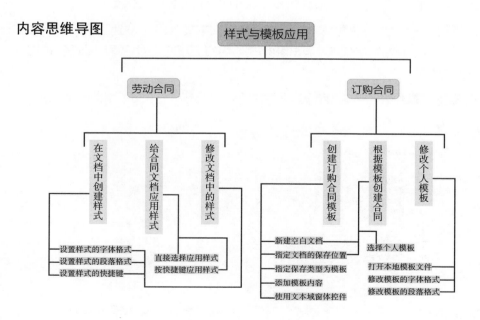

5.1 制作劳动合同范本

劳动合同是指劳动者与用人单位之间确立劳动关系，明确双方权利和义务的书面协议。通常劳动合同是由用人单位事先准备，并按照相关规定进行编制的。因此，企业最好事先准备好劳动合同范本，才能让入职工作进行得更高效。

素材文件	◎素材\Chapter 5\劳动合同范本.docx
效果文件	◎效果\Chapter 5\劳动合同范本.docx

5.1.1 创建劳动合同范本的标题样式

劳动合同的格式十分规范且正式，因此相同格式的内容多处存在，例如小标题、合同段落以及合同内容等。为了方便后期对合同格式进行修改，可以将这些格式设置成一种样式，遇到需要修改格式的文档时，直接应用这些样式即可，下面具体讲解创建标题样式的相关操作。

Step 01 打开"劳动合同范本"素材，❶将文本插入点定位到"第一条"文本中，❷单击"开始"选项卡"样式和格式"组右下角的"对话框启动器"按钮，如图5-1所示。

Step 02 在打开的"样式和格式"窗格中单击"新样式"按钮，如图5-2所示。

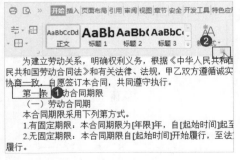

图5-1

图5-2

Step 03 ❶在打开的"新建样式"对话框中的"名称"文本框中输入"合同条目"文本，❷单击"格式"栏中的"字体"下拉列表框右侧的下拉按钮，❸选择"黑体"选项，如图5-3所示。

Step 04 ❶设置字号为"小四"，❷单击"加粗"按钮为文本添加加粗样式，❸单击下方左侧的"左对齐"按钮，为该样式设置对齐方式，如图5-4所示。

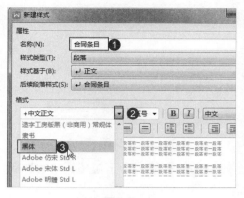

图5-3

图5-4

Step 05 ❶单击对话框左下角的"格式"下拉按钮，❷选择"字体"命令打开"字体"对话框，如图5-5所示。

Step 06 ❶在对话框中单击"西文字体"下拉列表框右侧的下拉按钮，❷选择"Arial"选项，单击"确定"按钮进行确认，如图5-6所示。

图5-5

图5-6

Step 07 ❶在返回的对话框中单击对话框左下角的"格式"下拉按钮，❷选择"段落"命令打开"段落"对话框，如图5-7所示。

Step 08 ❶在该对话框中分别设置段前和段后间距为"0.4"行和"0.3"行，❷单击"确定"按钮，如图5-8所示。

图5-7　　　　　　　　　　　　图5-8

Step 09 ❶在返回的对话框中单击对话框左下角的"格式"下拉按钮，❷选择"快捷键"命令打开"快捷键绑定"对话框，如图5-9所示。

Step 10 ❶在该对话框中将文本插入点定位到"快捷键"文本框中，按【Alt+1】组合键，❷单击"指定"按钮，如图5-10所示。

图5-9　　　　　　　　　　　　图5-10

Step 11 ❶返回到"新建样式"对话框中单击"确定"按钮，❷返回到文档中即可在样式栏或"样式和格式"窗格中查看新建的样式，如图5-11所示。

图5-11

TIPS 设置样式与使用格式刷的区别

　　使用格式刷同样可以像设置样式一样，快速为同类文本指定同样的样式。但是当需要对这种样式进行修改时，如果使用格式刷，则需要再次逐个进行刷格式；而文本应用样式后，若后期需要修改某种格式，直接修改对应的样式，其他相同样式将会自动进行修改。

5.1.2　应用样式更改其他内容的格式

　　将需要的样式创建好后，就可以对文档中的文本或其他对象应用创建的样式，从而实现对某个段落一次性完成所有格式的设置，下面进行具体介绍。

Step 01 在为其他段落设置样式之前，首先需要根据实际需要设置合适的样式，如图5-12所示。

Step 02 ❶选择"第二条 工作内容"文本，❷在"样式和格式"窗格中选择"合同条目"选项，或是按【Alt+1】组合键，如图5-13所示。

图5-12

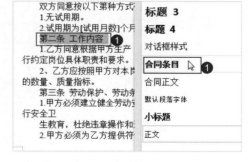

图5-13

Step 03 ❶选择"第二条 工作内容"标题下的所有文本，❷在"样式和格式"窗格中选择"合同正文"选项，如图5-14所示。

Step 04 ❶选择"（一）劳动合同期"小标题，❷在"样式和格式"窗格中选择"小标题"选项，如图5-15所示。

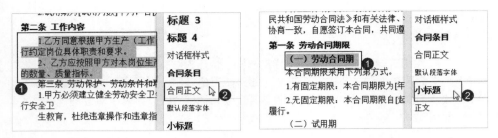

图5-14   图5-15

Step 05 ❶选择连续的要点内容，❷在"样式和格式"窗格中选择"对话框样式"选项，如图5-16所示。

Step 06 用同样的方法，为整个文档应用样式，如图5-17所示。

图5-16   图5-17

TIPS 清除文档样式

　　如果文档中应用的样式不再需要了，可以对其进行删除，选择需要删除样式的文本段落，单击"开始"选项卡"样式和格式"组中的"新样式"下拉按钮，选择"清除格式"选项即可。

5.1.3　修改样式以更改同类文档样式的格式

　　对于已经创建的样式，用户在使用过程中发现问题时，可以对其部分格式进行修改，以满足需要，或是当文档要求改变时，可以修改样式从而快速修改文档整体的样式，相关操作如下。

Step 01 ❶在"样式和格式"窗格中单击"合同条目"选项右侧的下拉按钮，❷选择"修改"命令，如图5-18所示。

Step 02 ❶在打开的"修改样式"对话框中设置字号为"四号"，❷单击"确定"按钮，如图5-19所示。

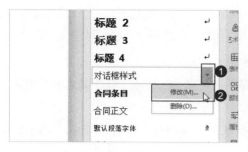

图5-18

图5-19

Step 03 同样的，单击"合同正文"选项右侧的下拉按钮，选择"修改"命令打开"修改样式"对话框，❶单击"格式"下拉按钮，❷选择"快捷键"命令，如图5-20所示。

Step 04 ❶在打开的"快捷键绑定"对话框中设置快捷键为"Alt+5"，❷单击"指定"按钮，如图5-21所示。

图5-20

图5-21

5.2　编制订购合同模板

订购合同是指需求方与产品供应方就产品订购达成一致意见而签订的合同。合同签订后，需求方需要先提供定金，如需求方有违约行为，则无权要求返还定金；若供应方违约，则加倍偿还定金。

素材文件	◎素材\Chapter 5\无
效果文件	◎效果\Chapter 5\订购合同模板.docx

5.2.1　创建订购合同模板文档

订购合同是一种经常使用的办公文档，为了方便使用，用户可以通过WPS创建自定义的模板文件，当需要使用时，直接根据模板创建文档，填写具体的数据即可。创建模板的操作如下。

Step 01 启动WPS Office，新建文档，❶单击"文件"按钮，❷在弹出的下拉菜单中选择"另存为"命令，如图5-22所示。

Step 02 ❶在打开的"另存为"对话框中单击"保存在"下拉列表框，❷选择"Administrator"选项，如图5-23所示。

图5-22

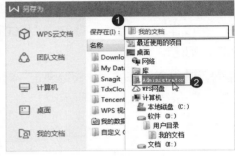

图5-23

Step 03 程序会自动打开"C:\Users\Administrator"文件夹，双击"AppData"文件夹，打开文件夹，如图5-24所示。

Step 04 ❶依次打开"AppData"文件夹下的"Roaming\kingsoft\office6\templates\wps"文件夹，❷双击"zh_CN"文件夹将其打开，可定位到模板文件的保存位置，如图5-25所示。

图5-24

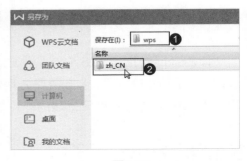

图5-25

Step 05 ❶单击"文件类型"下拉列表框，❷选择"Microsoft Word模板文件（*.dotx）"选项，如图5-26所示。

Step 06 将"文字文稿1"的文件名改为"订购合同"，单击"保存"按钮关闭对话框，即可完成空白模板的创建，如图5-27所示。

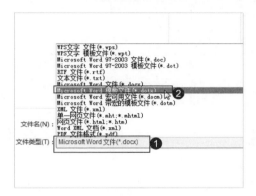

图5-26

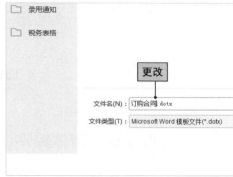

图5-27

Step 07 完成后即可在文件夹中查看新建的模板文档，如图5-28所示。

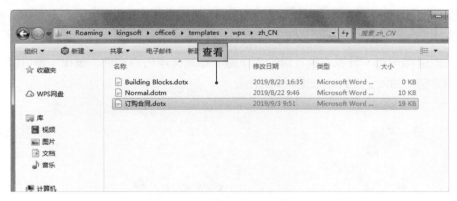

图5-28

TIPS *如何确定模板文档的保存位置*

　　在WPS中，如果用户不能正确找到模板文档的保存位置，❶可以单击"开发工具"选项卡下的"加载项"按钮，❷在打开的"模板和加载项"对话框中的"模板"选项卡中单击"添加"按钮，打开"添加模板"对话框，❸地址栏中显示的路径就是模板文档的保存路径，如图5-29所示。

图5-29

5.2.2 使用文本域窗体控件

在保存好新建的模板后，可以使用窗体控件在模板文档中添加模板内容。下面通过介绍使用"文本"控件在模板文档中添加具体内容为例进行讲解。

Step 01 ❶在"订购合同"模板文档中多按几次【Enter】键，生成多个段落，❷将文本插入点定位到第一个段落，如图5-30所示。

Step 02 ❶单击"开发工具"选项卡下的"格式文本内容控件"按钮，❷可以查看到文档中插入了控件，如图5-31所示。

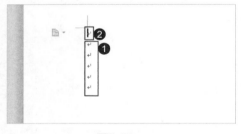

图5-30

图5-31

Step 03 单击该窗体控件，在其中输入文本"[产品名称]"，在控件后继续录入文本"订购合同"，并设置段落样式和字体样式，如图5-32所示。

Step 04 用同样的方法在文档中需要的位置添加控件，并设置段落格式和字体格式，最后完成合同内容的输入，如图5-33所示。

图5-32

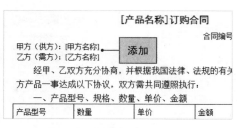

图5-33

5.2.3 根据我的模板新建订购合同

创建好模板后，如果需要使用该模板创建新的文档，应当如何进行操作呢？下面进行具体介绍。

Step 01 保存并关闭"订购合同.dotx"模板，新建一个空白文档，❶单击"文件"按钮，❷在弹出的下拉菜单中选择"新建"命令，❸在其子菜单中选择"本机上的模板"命令，如图5-34所示。

Step 02 ❶在打开的"模板"对话框中的"常规"选项卡中选择"订购合同"选项，❷在"新建"栏中选中"文档"单选按钮，❸单击"确定"按钮即可，如图5-35所示。

图5-34

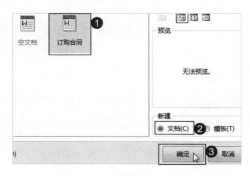

图5-35

Step 03 ❶直接按【Ctrl+S】组合键打开"另存为"对话框，设置文档保存位置，❷在"文件名"文本框中输入"订购合同模板"文本，❸单击"保存"按钮保存，如图5-36所示。

图5-36

5.2.4　修改并保存模板文档

　　根据企业业务或合同细节的改变，订购合同的模板也要随着进行改变，这时就可以将已经保存的模板打开，根据实际需要进行编辑，完成后在将其保存即可。具体操作如下。

Step 01　❶在WPS主界面单击"打开"按钮，❷在打开的对话框中定位到模板文件保存的位置，❸选择"订购合同.dotx"选项，单击"打开"按钮即可，如图5-37所示。

图5-37

Step 02 ❶在打开的模板中选择文档的标题文本"[产品名称]订购合同"，❷在"开始"选项卡中设置字体格式为"方正大标宋简体，小三，加粗"，如图5-38所示。

Step 03 ❶选择所有的正文文本，❷在"开始"选项卡中单击"加粗"按钮，如图5-39所示。

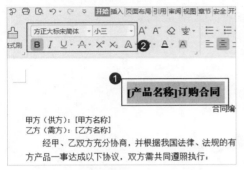

图5-38

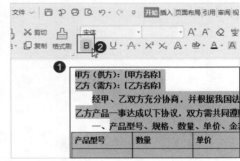

图5-39

Step 04 ❶选择表格前的一段文本，单击鼠标右键，❷在弹出的快捷菜单中选择"段落"命令，如图5-40所示。

Step 05 ❶在打开的"段落"对话框中设置段后为"0.5"行，❷单击"确定"按钮，如图5-41所示。最后选择表格首行单元格，单击"开始"选项卡下的"居中对齐"按钮即可。

图5-40

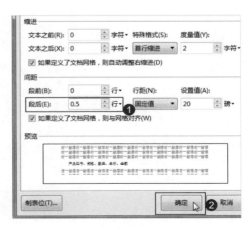

图5-41

TIPS 其他方法打开模板文档

　　模板文件必须要通过"打开"对话框打开，如果双击模板文件打开，程序将会自动根据该模板创建新文档，而非打开模板。

　　要打开模板文档，除了前面介绍的方法外，❶也可以在打开的文档中单击"文件"按钮，❷在弹出的快捷菜单中选择"打开"命令，即可打开"打开"对话框，或是在"最近使用"栏中选择即可，如图5-42所示。

图5-42

第6章
制作统一风格
的演示文稿效果

在日常商务办公中，会议演讲、产品介绍以及企业宣传等都离不开演示文稿，因此，掌握演示文稿的基本制作方法十分有必要。本章将重点介绍如何制作风格统一的演示文稿。

内容思维导图

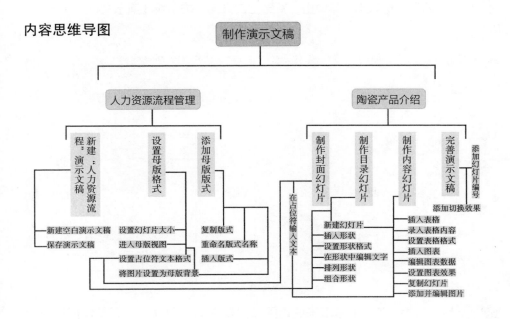

6.1 制作人力资源流程管理演示文稿母版

企业中人力资源管理工作较为繁杂，管理者需要将各种工作进行流程化管理，这样不仅能让工作人员能够更加准确地处理各项事务，更能提高工作效率。

素材文件	◎素材\Chapter 6\人力资源管理\
效果文件	◎效果\Chapter 6\人力资源流程.pptx

6.1.1 新建"人力资源流程"空白演示文稿

人力资源流程的目的是使员工能够对企业的人力资源工作更加了解，也能对工作人员的工作起到引导作用。使用演示文稿展示人力资源流程，首先需要创建一个指定名称的空白演示文稿，具体介绍如下。

`Step 01` 启动WPS应用程序，❶在程序主界面单击"新建"按钮，❷在打开的界面中单击"演示"选项卡，❸单击"新建空白文档"按钮新建演示文稿，如图6-1所示。

图6-1

`Step 02` ❶在演示文稿中单击快速访问工具栏中的"保存"按钮，❷在打开的"另存为"对话框中选择要保存的位置，将文件名设置为"人力资源流程"，单击"保存"按钮，如图6-2所示。

图6-2

6.1.2　设置母版占位符中的字体格式

创建了空白的演示文稿后，就可以开始进行样式设置了。首先要做的是设置母版占位符中的字体样式，这样可以快速统一所有幻灯片中的字体格式。

下面以在"人力资源流程"演示文稿中设置主母版中占位符的字体格式为例，讲解具体操作。

Step 01 ❶在工作界面中单击"设计"选项卡下的"幻灯片大小"下拉按钮，❷在弹出的下拉菜单中选择"标准（4:3）"命令，如图6-3所示。

Step 02 在打开的"页面缩放"对话框中单击"确保适合"按钮即可，如图6-4所示。

图6-3

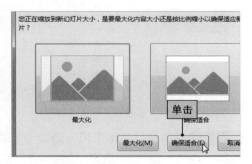

图6-4

Step 03 在工作界面中单击"视图"选项卡下的"幻灯片母版"按钮，进入母版视图，如图6-5所示。

Step 04 ❶在左侧窗格中选择幻灯片主母版，❷选择标题占位符中的文本，单击"开始"选项卡，❸在"字体"组中设置字体格式为"方正大黑简体，36，加粗，文字阴影"，如图6-6所示。

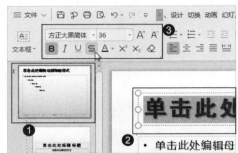

图6-5　　　　　　　　　　　　　　　　图6-6

Step 05 ❶单击"文本工具"选项卡下的"文本填充"按钮右侧的下拉按钮，❷选择"其他字体颜色"命令，如图6-7所示。

Step 06 ❶在打开的"颜色"对话框中单击"自定义"选项卡，❷在下方的数值框中输入合适的颜色值，❸单击"确定"按钮，如图6-8所示。

图6-7　　　　　　　　　　　　　　　　图6-8

Step 07 ❶单击"文本工具"选项卡下的"文本轮廓"按钮右侧的下拉按钮，❷选择"白色，背景1"选项，如图6-9所示。

Step 08 ❶选择所有的正文文本，❷在"开始"选项卡"字体"组中设置字体样式为"微软雅黑，16"，如图6-10所示。

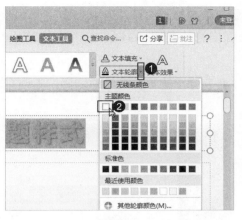

图6-9

图6-10

Step 09 ❶单独选择第一行正文文本，❷在开始选项卡下"字体"组中单击"加粗"按钮为字体设置加粗样式，如图6-11所示。

图6-11

TIPS *如何退出母版编辑状态*

当用户完成所有模板的设置后，就需要退出母版编辑状态。只需要单击"幻灯片母版"选项卡，然后单击"关闭"按钮即可退出。

6.1.3　为演示文稿母版添加背景

启用幻灯片母版后，可以在母版中为所有的幻灯片设置同样的背景色或背景图，设置的格式将会应用每一张以该母版为基础的幻灯片，这样可以避免为每张幻灯片单独设置背景图或背景色，节省工作量。

下面通过在"人力资源流程"演示文稿中设置主母版和标题幻灯片母版的背景图为例，讲解具体操作。

Step 01 在左侧窗格中选择幻灯片主母版，❶单击"幻灯片母版"选项卡下的"背景"按钮，❷在打开的"对象属性"窗格的"填充"栏中选中"图片或纹理填充"单选按钮，如图6-12所示。

Step 02 ❶单击"图片填充"下拉按钮，❷在弹出的下拉菜单中选择"本地文件"命令，如图6-13所示。

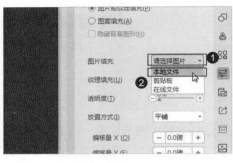

图6-12 　　　　　　　　　　　　　　　　图6-13

Step 03 在打开的"选择纹理"对话框中选择要插入的图片，这里选择"PG1.png"图片，单击"打开"按钮即可，如图6-14所示。

Step 04 返回到"对象属性"窗格中单击右上角的"关闭"按钮关闭窗格，在返回的界面即可查看背景效果，如图6-15所示。

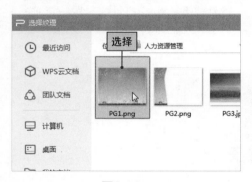

图6-14 　　　　　　　　　　　　　　　　图6-15

Step 05 ❶在左侧窗格中选择第2张幻灯片即标题母版幻灯片，单击鼠标右键，❷在弹出的快捷菜单中选择"设置背景格式"命令，如图6-16所示。

Step 06 ❶在打开的"对象属性"窗格中选中"图片或纹理填充"单选按钮，❷单击"图片填充"下拉按钮，❸在弹出的下拉菜单中选择"本地文件"命令，如图6-17所示。

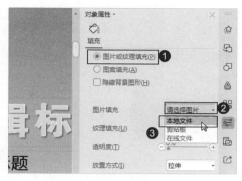

图6-16

图6-17

Step 07 ❶在打开的"选择纹理"对话框中选择图片的保存位置，❷选择要插入的图片，这里选择"PG3.jpg"图片，单击"打开"按钮即可，如图6-18所示。

Step 08 返回到"对象属性"窗格中，单击右上角的"关闭"按钮关闭窗格后可查看背景效果，如图6-19所示。

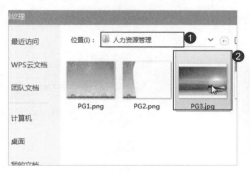

图6-18

图6-19

TIPS *背景的重置与保存*

　　如果幻灯片已经设置了背景，此时要重新设置背景图或背景样式，可单击"对象属性"窗格底部的"重置背景"按钮，程序将自动放弃当前的设置，恢复以前的格式，如果单击"全部应用"按钮，程序将会为所有模板应用当前背景格式。

　　如果用户发现某个演示文稿中的背景图片很好，值得收藏，但又没有图片文件，可以直接从演示文稿中获取。❶直接在页面中单击鼠标右键，选择"背景另存为图片"命令，❷在打开的"另存为图片"对话框中选择保存位置进行保存即可，如图6-20所示。

图6-20

Step 09 返回到母版视图中，选择上方的文本占位符，将鼠标光标移动到控制点上进行调整，并调整为两行，如图6-21所示。

Step 10 用同样的方法调整下方标题的宽度、高度和位置，完成整个操作，查看效果，如图6-22所示。

图6-21   图6-22

6.1.4　复制和重命名母版

一般情况下，有时候会发现设计的母版与现有的母版版式和功能相似，只是背景色或背景图不同，此时就可以通过复制与重命名操作快速创建相同版式与格式的母版。

下面以在"人力资源流程"演示文稿中通过制作"标题和内容1"母版为例，讲解具体操作。

Step 01 ❶在左侧窗格中选择标题和内容母版，即第3张幻灯片主母版，❷单击鼠标右键，在弹出的快捷菜单中选择"复制"命令（按【Ctrl+V】组合键也可以复制版式），如图6-23所示。

Step 02 按【Ctrl+V】组合键也可以复制版式，❶选择复制的标题和内容母版，❷单击鼠标右键，在弹出的快捷菜单中选择"重命名版式"命令，如图6-24所示。

图6-23　　　　　　　　　　　　图6-24

Step 03 ❶在打开的"重命名"对话框中的"名称"文本框中输入"标题和内容1"文本，❷单击"重命名"按钮即可完成重命名操作，如图6-25所示。

Step 04 ❶选择标题和内容1母版版式，❷打开"对象属性"窗格，在其中选中"图片或纹理填充"单选按钮，❸单击"图片填充"下拉按钮，❹在弹出的下拉菜单中选择"本地文件"命令，如图6-26所示。

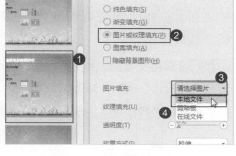

图6-25　　　　　　　　　　　　图6-26

TIPS *其他方法重命名幻灯片*

除了上面介绍的重命名母版的方法外，还可以通过选项卡按钮实现该功能。选择需要重命名的母版幻灯片，单击"幻灯片母版"选项卡下的"重命名"按钮，打开"重命名"对话框设置即可。

Step 05 ❶在打开的"选择纹理"对话框中选择文件的保存路径，❷选择要插入的文件，这里选择"PG4.png"选项，单击"打开"按钮即可，如图6-27所示。

Step 06 单击"对象属性"窗格右上角的"关闭"按钮关闭任务窗格，查看背景效果，如图6-28所示。

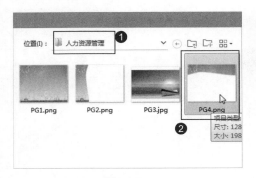

图6-27

图6-28

6.1.5 新建目录母版版式

如果当前设置的母版版式不能满足用户的实际需求，还可以通过插入母版版式的方式创建一个自定义母版，然后对创建的版式进行设置即可。

下面以在"人力资源流程"演示文稿制作目录母版版式为例进行讲解，具体操作如下。

Step 01 ❶将文本插入点定位到两个版式之间，❷在"幻灯片母版"选项卡中单击"插入版式"按钮，如图6-29所示。

Step 02 ❶选择新插入的母版版式，❷单击"重命名"按钮，如图6-30所示。

图6-29

图6-30

Step 03 ❶在打开的"重命名"对话框中的"名称"文本框中输入"目录版式"文本，❷单击"重命名"按钮即可，如图6-31所示。

Step 04 将提供的"PG2.png"素材图片设置为目录版式的背景图片，完成整个母版的制作，如图6-32所示。

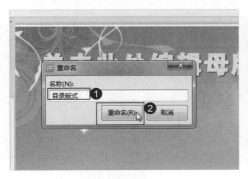

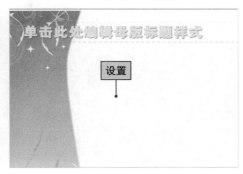

图6-31　　　　　　　　　　　　　　　图6-32

6.2 制作陶瓷产品介绍演示文稿

产品介绍演示文稿主要用于介绍公司的产品、公司状况以及产品的销量等。方便外界人员了解公司的状况以及公司的产品，从而起到一个宣传和推广的作用。

素材文件	◎素材\Chapter 6\陶瓷产品简介.pptx
效果文件	◎效果\Chapter 6\陶瓷产品简介.pptx

6.2.1 输入封面文字并设置格式

幻灯片中文本通常都是在文本框、占位符等对象中输入的，如果存在可以录入文本的对象，直接定位文本插入点，输入文本即可。

下面以在"陶瓷产品简介"演示文稿的标题幻灯片中录入标题内容和副标题内容，并设置字体样式为例进行介绍。

Step 01 ❶打开"陶瓷产品简介"素材，❷将文本插入点定位到主标题占位符中，输入"陶瓷产品简介"文本，如图6-33所示。

Step 02 ❶在副标题占位符中输入"景德镇典盛陶瓷有限公司"文本，❷调整两个文本框之间的间距，如图6-34所示。

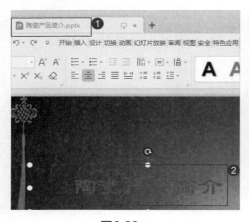
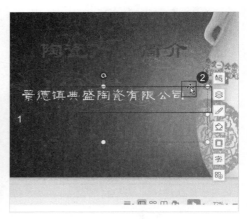

图6-33 　　　　　　　　　　　　　　　　图6-34

Step 03 ❶选择主标题中的文本，❷单击"文本工具"选项卡下的"文本填充"按钮右侧的下拉按钮，选择"白色，背景1"选项，如图6-35所示。

Step 04 ❶单击"文本工具"选项卡下的"文本轮廓"按钮右侧的下拉按钮，❷选择"白色，背景1，深色15%"选项，如图6-36所示。

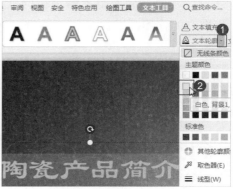

图6-35 　　　　　　　　　　　　　　　　图6-36

6.2.2　利用形状创建目录幻灯片

文本虽然可以在文本框或者占位符中进行输入，但是如果能在幻灯片中插入一些形状可以使整个演示文稿的界面效果更加美观。在WPS中可以直接插入实现该功能，不仅如此，插入形状后，还可以对形状进行美化，让幻灯片效果更好。

下面以介绍插入目录幻灯片并制作目录为例，介绍在幻灯片中使用形状的相关操作。

Step 01 ❶将文本插入点定位到左侧幻灯片缩略图的下方，单击"新建幻灯片"按钮下方的下拉按钮，❷单击"新建"选项卡，❸单击右侧的"更多"按钮，❹在下方选择空白的母版进行创建，如图6-37所示。

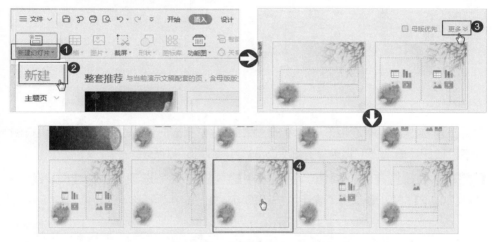

图6-37

Step 02 在创建的幻灯片中绘制一个文本框，分两行分别录入"目录"和"CONTENTS"，❶选择"目录"文本，❷设置合适的字体格式，❸选择"CONTENTS"文本，❹设置字体格式，如图6-38所示。

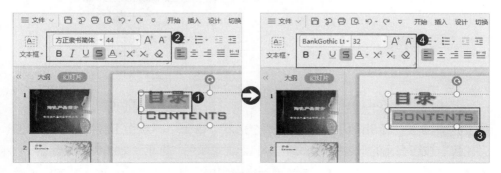

图6-38

Step 03 ❶单击"插入"选项卡下的"形状"下拉按钮，❷在弹出的下拉菜单中选择"圆角矩形"选项，如图6-39所示。

Step 04 ❶绘制一个正方形的圆角矩形，❷在后面绘制一个长方形的圆角矩形，如图6-40所示。

图6-39

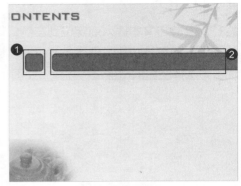

图6-40

Step 05 ❶选择左侧的矩形，❷单击"绘图工具"选项卡下的"填充"按钮右侧的下拉按钮，❸选择"其他填充颜色"命令，如图6-41所示。

Step 06 ❶在打开的"颜色"对话框中的"自定义"选项卡中分别输入色值"85,142,213"，❷单击"确定"按钮即可，如图6-42所示。

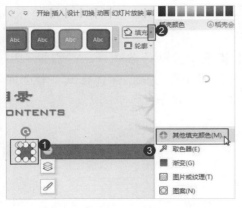

图6-41

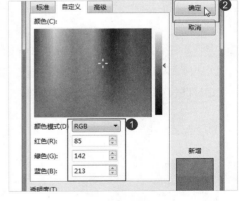

图6-42

Step 07 ❶按住【Shift】键，选择两个形状，❷单击"绘图工具"选项卡下的"轮廓"按钮右侧的下拉按钮，❸选择"无线条颜色"选项，如图6-43所示。

Step 08 ❶选择左侧的形状，❷单击"绘图工具"选项卡下的"形状效果"下拉按钮，❸选择"更多设置"命令，如图6-44所示。

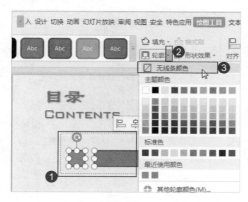
图6-43

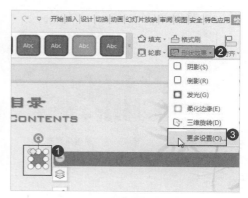
图6-44

Step 09 ❶在打开的"对象属性"窗格中展开"阴影"选项，❷设置透明度、大小、模糊分别为"60%，101%，5磅"，如图6-45所示。

Step 10 ❶选择右侧的长方形圆角矩形形状，❷单击"对象属性"窗格中的"填充与线条"选项卡，选中"渐变填充"单选按钮，❸单击"渐变样式"栏中的"线性渐变"按钮，❹选择"向上"选项，如图6-46所示。

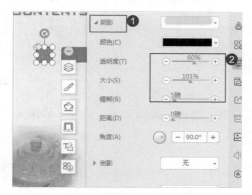
图6-45

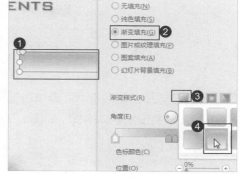
图6-46

Step 11 ❶单击色标标尺左侧的色标，❷单击下方的"色标颜色"下拉按钮，❸选择"钢蓝，着色1，浅色60%"选项，如图6-47所示。

Step 12 ❶单击色标标尺右侧的色标，❷单击下方的"色标颜色"下拉按钮，❸选择"白色，背景1"选项，如图6-48所示。完成后调整两个色标的左右位置，设置出满意的渐变色即可。

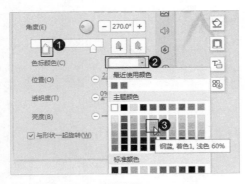

图6-47

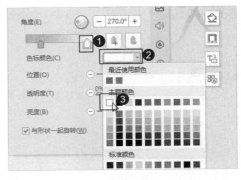

图6-48

TIPS 设置多色渐变

　　如果需要设置多色渐变，则需要依次插入多个色标，设置多种颜色。❶单击色标标尺右侧的"添加渐变光圈"按钮，添加一个色标，❷设置好不同色标的颜色后，❸进行调整即可设置出多色渐变，如图6-49所示。

图6-49

Step 13 ❶选择左侧的形状，❷单击鼠标右键，选择"编辑文字"命令，❸输入数字"1"，并设置字体格式，如图6-50所示。

图6-50

Step 14 ❶在右侧的形状中插入文本框，输入文本"公司简介"，❷设置字体格式为"方正古隶简体，24，加粗"，如图6-51所示。

Step 15 ❶按住【Shift】键选择文本框，再选择下方的形状，❷单击"绘图工具"选项卡下的"对齐"下拉按钮，❸选择"水平居中"选项，最后选择"垂直居中"选项，如图6-52所示。

图6-51

图6-52

TIPS 形状选择顺序的问题

在设置两个对象对齐时，先选择的对象会以后选择的对象作为基准进行对齐。因此在设置对齐时要考虑选择对象的先后顺序。上述操作中，如果先选择文本框，后选择形状，效果如6-53左图所示；先选择形状，后选择文本框，其效果如6-53右图所示。

图6-53

Step 16 ❶选择绘制的形状和文本框，❷单击"绘图工具"选项卡下的"组合"下拉按钮，❸选择"组合"选项即可，如图6-54所示。

Step 17 选择组合形状，将鼠标光标移动到边框线上，当鼠标光标变为十字箭头时，按下【Ctrl+Shift】组合键，按下鼠标左键不放进行拖动，复制4个组合形状，并修改其中的文本，如图6-55所示。

图6-54

图6-55

6.2.3 修改文本和段落格式

在幻灯片中有时需要插入文本段落，这时需要为其设置合适的文本段落格式。下面以添加公司介绍幻灯片为例进行介绍。

Step 01 ❶选择第2张幻灯片缩略图，单击右下角的"新建幻灯片"按钮，❷在"新建"选项卡中选择第2个母版，新建幻灯片，如图6-56所示。

Step 02 ❶在右侧的文本框中录入标题文本"典盛陶瓷公司介绍"，❷在左侧输入公司介绍的内容文本，如图6-57所示。

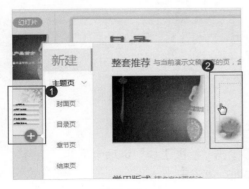

图6-56

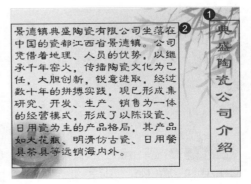

图6-57

Step 03 ❶选择左侧文本框中的文本信息，❷单击"开始"选项卡"字体"组中的"加粗"按钮，如图6-58所示。

Step 04 ❶单击"文本工具"选项卡下的"文本填充"按钮右侧的下拉按钮，❷选择"黑色，文本1，浅色25%"选项，如图6-59所示。

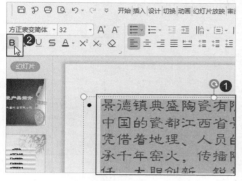

图6-58 图6-59

6.2.4 插入与编辑表格

演示文稿中也可以插入表格展示数据，让数据展示更直观。下面具体介绍插入表格展示公司的产品信息的方法。

Step 01 ❶选择第3张幻灯片缩略图，单击右下角的"新建幻灯片"按钮，❷在"新建"选项卡中选择第2个母版，新建幻灯片，如图6-60所示。

Step 02 ❶单击新插入的幻灯片中的"插入表格"按钮，❷在打开的"插入表格"对话框中的"行数"和"列数"数值框中分别输入"6"和"5"，❸单击"确定"按钮，如图6-61所示。

图6-60

图6-61

Step 03 ❶在表格中录入产品信息文本，选择表头单元格，❷在"表格工具"选项卡中的"高度"数值框中输入"1.3厘米"，如图6-62所示。同样的方法，选择第2～6行单元格，设置高度为"1.8厘米"。

Step 04 ❶选择整个表格，❷单击"表格工具"选项卡中的"居中对齐"按钮，如图6-63所示。完成后选择表标题，设置其字号为"14"。

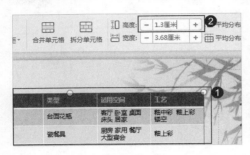

图6-62

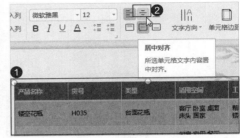

图6-63

Step 05 ❶选择整个表格，❷在"表格样式"选项卡中的表格样式栏中选择"中度样式2-强调2"选项，如图6-64所示。

Step 06 在右侧的标题文本框中输入"公司产品介绍"文本，如图6-65所示。

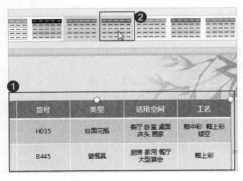

图6-64

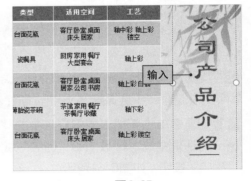

图6-65

TIPS *插入电子表格*

前面3.2.1节内容中介绍WPS文档制作时，介绍了在文档中插入电子表格，在演示文稿中可以用同样的方法插入电子表格，用户可以参考前面介绍的操作步骤进行实际操作，这里就不再重复介绍了。

6.2.5　插入与编辑图表

图表相较于表格和文本描述而言，最大的特点是数据展示更加清晰明了，因此，很多时候在演示文稿中都需要使用图表展示数据，这样能够方便观众快速了解数据信息。

下面以在"陶瓷产品简介"演示文稿中插入图表展示公司各种产品的销量信息为例，进行具体介绍。

Step 01 ❶使用6.2.4中同样的方法新建一张幻灯片，❷单击"插入"选项卡下的"图表"按钮，如图6-66所示。

Step 02 ❶在打开的"插入图表"对话框中单击左侧的"柱形图"选项卡，❷选择右侧的"簇状柱形图"选项，单击"插入"按钮即可，如图6-67所示。

图6-66　　　　　　　　　　　图6-67

Step 03 ❶选择插入的图表，❷单击"图表工具"选项卡中的"编辑数据"按钮，如图6-68所示。

Step 04 在打开的表格窗口中分别输入产品名称和产品销量，如图6-69所示。

图6-68

图6-69

Step 05 将鼠标光标移动到蓝色选择框的右下角，即D5单元格右下角，按下鼠标左键不放并拖动到B6单元格右下角，选择所有数据，关闭该窗口，如图6-70所示。

Step 06 ❶选择图表中的数据系列，❷单击"绘图工具"选项卡下的"填充"按钮右侧的下拉按钮，❸选择需要的颜色选项，如图6-71所示。

图6-70

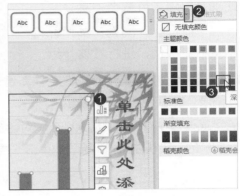

图6-71

Step 07 ❶选择图表中的纵坐标轴，❷在"文本工具"选项卡下的"字体"组中设置字体格式为"微软雅黑，10，加粗"，❸以同样的方法设置横坐标的字体样式为"微软雅黑，14，加粗"，如图6-72所示。

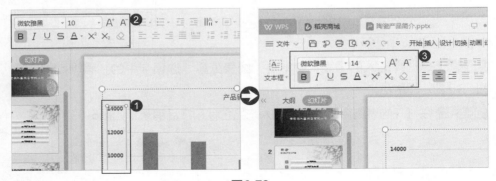

图6-72

Step 08 ❶选择图表，❷单击"图表工具"组中的"添加元素"下拉按钮，❸在弹出的下拉菜单中选择"数据标签"命令，在其子菜单中选择"居中"选项，如图6-73所示。

Step 09 完成上述操作后，删除图表标题，调整图表的大小，在图表右侧的文本框中输入文本"产品销量展示"完成制作，如图6-74所示。

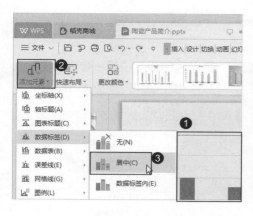

图6-73

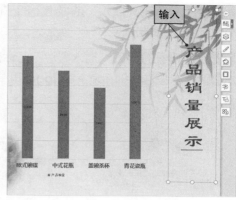

图6-74

6.2.6 添加图片并编辑

用户在实际制作演示文稿时，注意不要大量使用文字，这样容易使观看演示文稿的人感到枯燥，容易导致信息传达不到位，因此在演示文稿中穿插图片对象是很有必要的。

下面以在"陶瓷产品简介"演示文稿中插入并编辑具体图片展示产品为例，进行具体介绍。

Step 01 选择前面设置好的第5张幻灯片的缩略图，按下鼠标向下移动到缩略图的下方，不释放鼠标，再按住【Ctrl】键不放，释放鼠标，即可复制一张幻灯片，如图6-75所示。

Step 02 选择新复制的幻灯片，将右侧文本框中的文本改为"产品图片展示"，同时将左侧的图表删除掉，如图6-76所示。

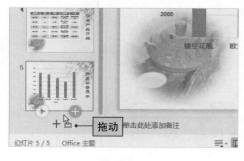

图6-75

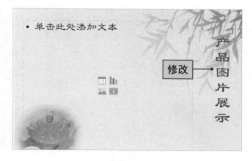

图6-76

Step 03 ❶单击"插入"选项卡下的"图片"下拉按钮，❷选择"本地图片"命令，如图6-77所示。

Step 04 ❶在打开的"插入图片"对话框中选择图片的保存位置，❷选择要插入的图片，这里选择01.jpg～05.jpg，再单击"打开"按钮即可，如图6-78所示。

图6-77

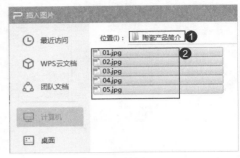

图6-78

TIPS 其他方法插入图片

和插入表格相似，插入图片也可以通过单击幻灯片中的"插入图片"按钮进行添加。需要注意的是，这种方法插入图片，一次只能插入一张图片，不能批量插入。

Step 05 调整插入图片的大小，进行合理布局，❶选择"01.jpg"图片，单击"图片工具"选项卡下"裁剪"按钮下的下拉按钮，❷选择"矩形"选项，如图6-79所示。

Step 06 将鼠标光标移动到图片左侧的控制柄上进行拖动，调整图片的大小，单击"裁剪"按钮或按【Enter】键进行裁剪，如图6-80所示。

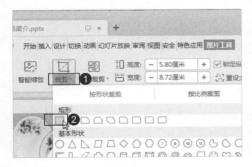

图6-79

图6-80

Step 07 ❶完成裁剪后选择所有的图片，❷单击"图片工具"选项卡下的"图片效果"下拉按钮，❸选择"柔化边缘/2.5磅"命令为图片设置边缘柔化效果，如图6-81所示。

Step 08 ❶单击"图片工具"选项卡下的"图片效果"下拉按钮，❷选择"阴影/右下斜偏移"命令为图片设置阴影，如图6-82所示。

图6-81

图6-82

TIPS *更改插入的图片*

如果插入的图片不是用户需要的，则需要重新插入图片，此时可以单击插入的错误图片右下角 按钮，在打开"更改图片"对话框中重新选择要插入的图片即可。

6.2.7　完善幻灯片并设置幻灯片编号

完成前面的幻灯片制作后，还需要对演示文稿进行完善，包括添加联系方式展示页和结尾页。完成幻灯片的制作后，还可以为演示文稿插入幻灯片编号，添加必要的备注信息。

下面以在"陶瓷产品简介"演示文稿中添加联系方式展示页和结尾页并设置幻灯片编号为例，进行具体介绍。

Step 01 复制第3张幻灯片，并将其粘贴到最后，将右侧文本框中的文本更改为"公司联系方式"，调整左侧文本框的位置，在其中输入公司的联系方式等文本，如图6-83所示。

Step 02 以最后一个母版版式为样式新建一张幻灯片，在上面的文本框中输入"欢迎光临"文本，并设置字体颜色为"白色，背景1"，在下方的文本框中输入相关欢迎语，如图6-84所示。

图6-83   图6-84

Step 03 完成最后两页幻灯片制作后，单击"插入"选项卡下的"幻灯片编号"按钮，如图6-85所示。

Step 04 ❶在打开的"页眉和页脚"对话框中单击"幻灯片"选项卡，❷选中"幻灯片编号"复选框，❸单击"全部应用"按钮即可，如图6-86所示。

图6-85   图6-86

TIPS "页眉和页脚"对话框的其他操作

　　如图6-86所示，在"页眉和页脚"对话框中不仅可以设置幻灯片编号，还能为幻灯片插入日期和时间、插入页脚内容。另外，在"备注和讲义"选项卡中还能设置页眉、页码和页脚。

6.2.8 设置切换动画

在播放幻灯片时，为了让幻灯片之间的切换能够更加流畅和自然，可以为幻灯片设置相应的切换效果。WPS中内置了许多的切换效果，它们的使用方法基本相同。下面以在"陶瓷产品简介"演示文稿中为所有的幻灯片设置切换效果为例，讲解相关操作。

Step 01 ❶选择第1张幻灯片对应的缩略图，❷在"切换"选项卡中的切换样式栏中选择"切出"效果选项，如图6-87所示。

Step 02 单击"切换"选项卡中的"切换效果"按钮打开"幻灯片切换"任务窗格，如图6-88所示。

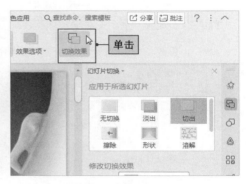

图6-87　　　　　　　　　　　　图6-88

Step 03 ❶在"修改效果"栏中的"速度"数值框中输入"01.00"，❷单击"声音"下拉列表框，选择"打字机"选项，如图6-89所示。

Step 04 ❶选择第2张幻灯片，❷在"切换"选项卡中的切换样式栏中选择"擦除"效果选项，同样为其设置切换效果，如图6-90所示。

图6-89　　　　　　　　　　　　图6-90

Step 05 以同样的方法为其他页面设置不同的切换效果，完成所有操作，设置过切换效果后，在幻灯片缩略图左侧会显示动画标记，如图6-91所示。

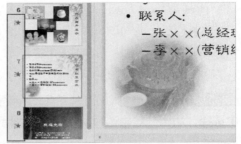

图6-91

TIPS 设置整个演示文稿随机切换效果

如果用户不知道要为演示文稿设置哪种切换效果或是想要为不同页面设置不同的切换效果，则可以设置随机效果。选择任意幻灯片，❶在幻灯片切换窗格的"应用于所选幻灯片"列表框中选择"随机"选项，❷单击底部的"应用于所有幻灯片"按钮即可，如图6-92所示。

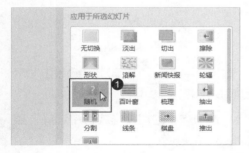

图6-92

第7章
让幻灯片变得
有声有色

　　演示文稿中除了可以包含常规的文本、图片和表格等，还可以添加音频、视频以及动画效果。这样可以让单调的演示文稿变得生动有趣。

内容思维导图

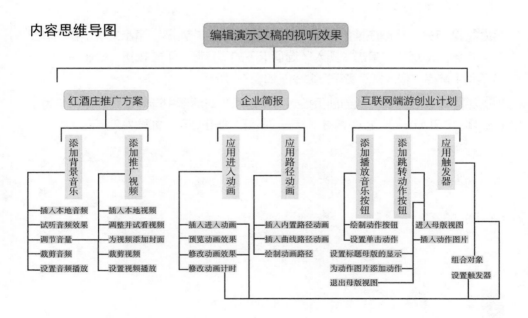

7.1 编辑红酒庄的推广方案演示文稿

推广演示文稿是指通过演示文稿中的文本、图片或视频等介绍公司或产品，从而让更多人了解公司或产品的一种推广方式。要想推广能够获得成功，就需要制作一份吸引观众的演示文稿。

素材文件	◎素材\Chapter 7\红酒庄推广\
效果文件	◎效果\Chapter 7\红酒庄推广方案.pptx

7.1.1 为产品展示添加音频

在产品介绍时添加背景音乐，能够让观众在视觉接收信息的同时还能体会到一种听觉的享受。这样不仅能提升演示文稿的展示效果，也能让观众的观看体验更好。

下面以在"红酒庄推广方案"演示文稿中为两个产品展示幻灯片添加音频为例进行具体介绍。

`Step 01` 打开"红酒庄推广方案"素材"红酒庄推广方案"演示文稿，❶选择要插入音频的幻灯片，单击"插入"选项卡下的"音频"下拉按钮，❷在弹出的下拉菜单中选择"嵌入背景音乐"命令，如图7-1所示。

`Step 02` ❶在打开的"从当前页插入背景音乐"对话框中选择音频的保存位置，❷选择"BGM.mp3"音频素材，单击"打开"按钮即可，如图7-2所示。

图7-1

图7-2

TIPS *其他方法插入音频*

　　除了插入背景音乐的方式插入音频外，用户还可以直接在幻灯片中插入音频，只需要❶单击"插入"选项卡下的"音频"下拉按钮，❷选择"嵌入音频"命令，❸在打开的"插入音频"对话框中选择要插入的音频，单击"打开"按钮即可插入音频，如图7-3所示。

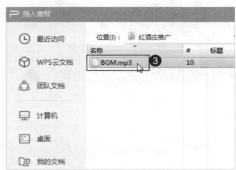

图7-3

Step 03 在打开的"WPS演示"对话框中单击"否"按钮可以从当前页面开始插入背景音乐，如图7-4所示。

Step 04 返回到幻灯片中，可以查看到已经插入音频的符号，❶选择该符号，❷单击"播放/暂停"按钮可以播放或暂停音频，如图7-5所示。

图7-4　　　　　　　　　　　　　　　　图7-5

Step 05 ❶单击右侧的"音量"按钮，❷在弹出的音量调节轴中上下拖动滑块改变音量大小，如图7-6所示。

Step 06 完成音频的试听和音量的调节后，再将其移动到合适的位置即完成音频的插入，如图7-7所示。

图7-6

图7-7

TIPS *嵌入音频和链接音频的区别*

　　嵌入音频和链接音频的差别在于，嵌入音乐时，演示文稿中内置了音乐文件，其大小包含了音乐文件的大小，此时将演示文稿存放在任何文件夹下，都不会影响音乐的播放；而"链接"方式则只包含了音乐文件路径，演示文稿必须和音乐文件保存在同一个文件夹下（或相对的文件夹下），音乐文件重命名或删除之后，演示文稿中的音乐就无法播放了。

7.1.2　裁剪与设置音频

　　在演示文稿中插入的音频文件可能并不是所有的都会使用到，有的音频过长只需要其中一部分即可，此时就需要对音频进行裁剪，让其符合播放的需要。不仅如此，插入音频后，还需要对播放时长、播放时间等进行具体设置，以便让演示文稿呈现更好的效果。

　　下面以在"红酒庄推广方案"演示文稿中对插入的音频进行裁剪并进行播放设置为例进行具体介绍。

Step 01 ❶选择音频符号，❷在"音频工具"选项卡中单击"裁剪音频"按钮，准备进行裁剪音频的操作，如图7-8所示。

Step 02 ❶在打开的"裁剪音频"对话框中的"开始时间"数值框中输入

"00:15"，上方左侧的绿色滑块会自动移动到第15秒的位置，❷单击"确定"按钮即可完成裁剪，如图7-9所示。

图7-8

图7-9

Step 03 ❶单击"音频工具"选项卡下的"音量"下拉按钮，❷在弹出的下拉列表中选择"中"选项，如图7-10所示。

Step 04 ❶在"淡入"数值框中输入"00.25"，❷单击"淡出"数值框右侧的 + 按钮，设置为"00.25"，如图7-11所示。

图7-10

图7-11

Step 05 ❶选中"跨幻灯片播放"单选按钮，❷在其后的数值框中输入"5"，可以让音频播放至第5张幻灯片结束，如图7-12所示。

Step 06 取消选中"放映时隐藏"复选框，单击视图栏中的"从当前幻灯片开始播放"按钮或按【Shift+F5】组合键，如图7-13所示。

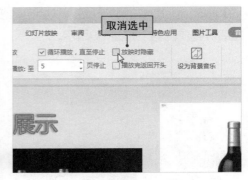

| 图7-12 | 图7-13 |

Step 07 将鼠标光标移动到音频图标上，可以查看到该音频处于播放状态，如图7-14所示。

Step 08 按【Esc】键退出播放，在实际幻灯片制作中，有时并不希望音频图标出现在幻灯片中，此时选择音频图标，选中"音频工具"选项卡中的"放映时隐藏"复选框即可，如图7-15所示。

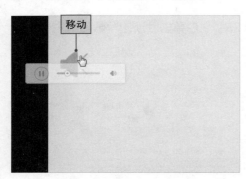

| 图7-14 | 图7-15 |

TIPS *删除音频的相关操作*

当用户插入的音频不需要使用时，就应当删除掉，如果演示文稿中的音频较多，会造成演示文稿占用空间过大。而删除音频不是简单的删除音频图标，还要将嵌入的音频文件删除掉。❶在打开的"幻灯片切换"任务窗格中单击"幻灯片切换"下拉按钮，❷选择"自定义动画"选项，切换到"自定义动画"窗格，❸在下方的列表框中单击"BGM"选项右侧的下拉按钮，❹在弹出的下拉菜单中选择"删除"选项并关闭"自定义动画"窗格即可，如图7-16所示。

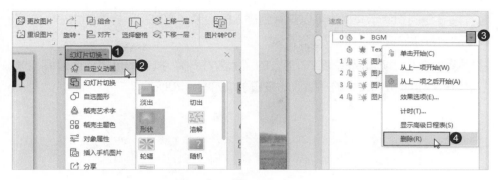

图7-16

7.1.3 添加视频展示酒庄情况

图片固然可以展示对象的整体情况，但图片展示往往也太过于平面化，没有视频介绍的动态效果。因此在宣传演示文稿中插入视频是很有必要的。

下面以在"红酒庄推广方案"演示文稿中插入视频展示酒庄情况为例进行具体介绍。

Step 01 ❶选择第6张幻灯片，单击"插入"选项卡下的"视频"按钮下方的下拉按钮，❷选择"嵌入本地视频"命令，如图7-17所示。

Step 02 ❶在打开的"插入视频"对话框中选择视频文件的保存位置，❷选择"酒庄简介.wmv"视频素材，单击"打开"按钮即可，如图7-18所示。

图7-17　　　　　　　　　　　图7-18

Step 03 返回到演示文稿中可以查看到插入的视频，调整视频界面的大小，并将其移动到合适的位置，如图7-19所示。

Step 04 单击"视频播放窗口"下方的"播放/暂停"按钮即可播放或暂停视频（或单击视频播放窗口中的"播放"按钮），如图7-20所示。

图7-19

图7-20

7.1.4 编辑视频

新插入的视频，其外观或播放等可能与演示文稿不相符，此时就需要对插入的视频进行设置和编辑，例如为视频添加封面、裁剪视频等。下面进行具体介绍。

Step 01 ❶选择插入的视频，❷单击"视频工具"选项卡下的"视频封面"下拉按钮，❸在弹出的下拉菜单中选择"来自文件"命令，如图7-21所示。

Step 02 ❶在打开的"选择图片"对话框中选择图片文件的保存位置，❷选择"01.jpg"图片素材，单击"打开"按钮即可，如图7-22所示。

图7-21

图7-22

Step 03 ❶单击"音量"下拉按钮，❷选择"高"选项，❸单击"裁剪视频"按钮，如图7-23所示。

图7-23

Step 04 ❶在打开的"裁剪视频"对话框中的"开始时间"数值框中输入"00:00.78"，❷在"结束时间"数值框中输入"00:40"，❸单击"确定"按钮，如图7-24所示。

Step 05 ❶在"视频工具"选项卡中单击"开始"下拉列表框右侧的下拉按钮，❷选择"单击"选项，❸选中"全屏播放"和"未播放时隐藏"复选框，如图7-25所示。

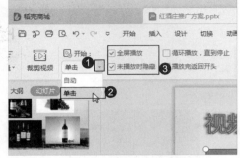

图7-24 图7-25

TIPS 将视频的某一帧画面作为视频封面

　　除了可以设置图片作为视频的封面外，还有一种常见的方式是用视频中的某一帧作为视频的封面，在WPS演示中可以轻松实现。用户直接播放时视频进行浏览发现可以作为封面的画面时，暂停播放，❶单击"视频封面"下拉按钮，❷在其下拉菜单中选择"视频当前画面"选项可以将当前画面设置为封面，如图7-26所示。

图7-26

7.2　制作企业简报的演示文稿

企业简报是指以演示文稿的形式将企业最近的重大事件、公司状况等信息进行公开展示，以便让企业领导人员、管理人员和各级员工可以了解到公司的最近情况。

素材文件	◎素材\Chapter 7\企业简报.pptx
效果文件	◎效果\Chapter 7\企业简报.pptx

7.2.1　为演示文稿添加内置动画

想要使演示文稿的效果更加精彩，用户可以为幻灯片中的元素添加各种不同的动画效果。这样不仅能让演示文稿中的对象动起来，提升整体效果，还能让观看演示文稿的人觉得耳目一新。

下面以在"企业简报"演示文稿中为员工相册设置合适的动画效果为例，进行具体介绍。

Step 01 打开"企业简报"素材，❶选择第5张幻灯片，❷选择左上角的图片，如图7-27所示。

Step 02 ❶单击"动画"选项卡，❷在下方的动画效果列表框中选择"百叶窗"选项，如图7-28所示。

图7-27

图7-28

Step 03 ❶此时可以查看到图片左上角出现 ⒈，❷单击"动画"选项卡下的"预览效果"按钮，❸查看动画效果，如图7-29所示。

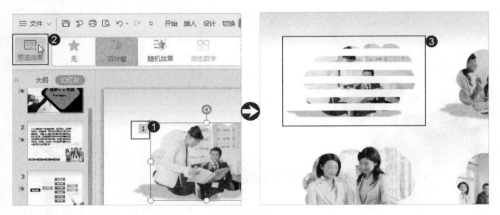

图7-29

TIPS *动画的类型有哪些*

在WPS演示中，系统为幻灯片对象提供了4种动画类型，分别是进入、强调、退出和动作路径，如图7-30所示。进入动画用于设置幻灯片对象进入放映界面时的动画效果；强调动画是设置演示过程中需要强调部分的动画效果；退出动画用于指定幻灯片放映过程中对象退出时的动画效果；动作路径用于指定幻灯片中某个内容在放映过程中动画所通过的轨迹。

进入							
动态数字	百叶窗	擦除	出现	飞入	盒状	缓慢进入	∨

强调							
放大/缩小	更改填充...	更改线条...	更改字号	更改字体	更改字体...	更改字形	∨

退出							
百叶窗	擦除	飞出	盒状	缓慢移出	阶梯状	菱形	∨

动作路径							
八边形	八角星	等边三角形	橄榄球形	泪滴形	菱形	六边形	∨

图7-30

7.2.2　设置动画效果参数

为演示文稿中的对象设置合适的动画效果后，用户还可以对动画效果进行编辑和设置调整，以达到实际需要的效果。

下面以在"企业简报"演示文稿中为设置的动画进行参数设置为例，进行具体介绍。

Step 01 ❶选择需要设置的动画，单击"动画"选项卡中的"自定义动画"按钮，❷在打开的"自定义动画"窗格中单击"开始"下拉按钮，❸选择"单击时"选项，如图7-31所示。

Step 02 ❶单击"方向"下拉按钮，❷在弹出的下拉列表中选择"垂直"选项，如图7-32所示。

图7-31

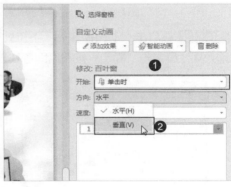

图7-32

Step 03 ❶单击"速度"下拉按钮，❷在弹出的下拉列表中选择"快速"选项，如图7-33所示。

图7-33

TIPS *其他方法设置动画参数*

在"自定义动画"窗格的列表框中单击对应动画选项右侧的下拉按钮，选择"效果选项"命令，在打开的对话框中同样可以设置动画的速度和方向。

Step 04 ❶单击列表框中"图片2"选项右侧的下拉按钮，❷在弹出的下拉菜单中选择"效果选项"命令，如图7-34所示。

Step 05 ❶在打开的"百叶窗"对话框中单击"增强"栏中的"声音"下拉按钮，❷在弹出的下拉列表中选择"微风"选项，如图7-35所示。

图7-34 　　　　　　　　　　　　　　　　图7-35

Step 06 ❶单击"动画播放后"下拉列表框，❷在弹出的下拉列表中选择合适的变暗效果，❸单击"确定"按钮后即可在返回的界面预览其效果，如图7-36所示。

图7-36

TIPS 如何删除动画效果

　　　如果用户需要清除已经添加的动画，可以选择该对象左上角的动画序号，直接按【Delete】键删除，如图7-37所示，或是在"自定义动画"窗格中的列表框中单击要删除的动画选项右侧的下拉按钮，选择"删除"选项即可，如图7-38所示。

图7-37　　　　　　　　　　　　　　图7-38

7.2.3　自定义动作路径动画

为对象设置动画效果后，还可以设置动作路径，使对象在幻灯片中真正动起来。

下面以在"企业简报"演示文稿中为员工相册为图片设置内置的动作路径和手动绘制动作路径为例，进行具体介绍。

Step 01 选择左上角的图片对象，❶单击"动画"选项卡，展开动画样式列表框，❷在"动作路径"栏中选择"六边形"选项，如图7-39所示。

Step 02 在幻灯片中可以查看到该图片对象出现了图片运动的路径，并呈六边形，如图7-40所示。

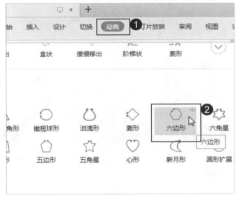

图7-39　　　　　　　　　　　　　　图7-40

Step 03 选择右上角的图片对象，单击"动画"选项卡，展开动画样式列表框，在"绘制自定义路径"栏中选择"曲线"选项，如图7-41所示。

Step 04 当鼠标光标变为十字形状时，❶在图片上单击鼠标左键，绘制第一个点，❷移动鼠标光标到下一个位置，单击鼠标左键绘制第二个点，如图7-42所示。

图7-41

图7-42

Step 05 移动鼠标光标即可查看到绘制的曲线，以同样的方法，单击鼠标左键绘制下一个点，最后单击曲线的初始点，生成闭合曲线，如图7-43所示。

Step 06 根据前面的方法，为该页面中所有的图片设置合理的动画路径，最终效果如图7-44所示。

图7-43

图7-44

TIPS 删除路径动画

想删除错误绘制的路径动画，首先需要选择绘制的路径动画，然后按【Delete】键或【Backspace】键快速删除。除此之外，选择绘制的路径动画，单击"自定义动画"窗格中的"删除"按钮也可以删除路径动画。

7.3 制作互联网终端游戏创业计划演示文稿

创业计划演示文稿主要是用来向投资者或者项目工作者展示具体创业项目情况的文稿。创业计划演示文稿应当包含项目基本信息、市场行情、发展规划以及后期盈利等。不仅要有基本的文字表述，还应当包含项目的数据分析以及可操作性分析，只有精确地调查了市场具体情况和数据，才能使人信服。

素材文件	◎素材\Chapter 7\终端游戏创业商业计划书\
效果文件	◎效果\Chapter 7\终端游戏创业商业计划书.pptx

7.3.1 绘制动作按钮

动作是WPS演示中的一种交互方式，通过设置动作可以访问到所链接的对象，实现快速跳转，从而方便用户从一个页面快速跳转到另一个页面或是打开其他对象。

下面首先介绍在"终端游戏创业商业计划书"演示文稿绘制动作按钮的具体操作。

Step 01 打开"终端游戏创业商业计划书"素材中的演示文稿，❶选择要绘制动作按钮的幻灯片，这里选择第7张幻灯片，❷单击"插入"选项卡下的"形状"下拉按钮，❸在弹出的下拉菜单的"动作按钮"栏中选择"动作按钮：声音"选项，如图7-45所示。

Step 02 当鼠标光标变为十字箭头时，在幻灯片右下角按下鼠标左键并拖动进行绘制，如图7-46所示。

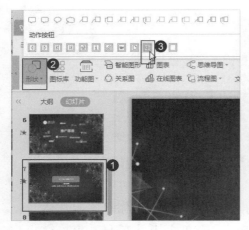

图7-45

图7-46

TIPS 预设动作按钮功能介绍

　　在WPS演示中内置了12种不同的动作按钮，其功能也不相同。◁、▷、◁、▷、◁、▷是幻灯片切换按钮，链接的目标分别为上一张、下一张、开始、结束、第一张、前一张；ⓘ和❓分别指向信息和帮助内容，可以是幻灯片，也可以是网页或其他文件；▢和◁分别指向视频和声音；◎用于打开其他文件；▢自定义按钮由用户自行设置动作效果。

7.3.2　为动作按钮添加超链接

　　完成了动作按钮的绘制后，就需要根据实际情况为动作按钮添加超链接，从而实现更多功能。

　　这里以在"终端游戏创业商业计划书"演示文稿中根据绘制的动作按钮链接到音乐为例，进行具体操作。

Step 01 完成动作按钮的绘制后会自动打开"动作设置"对话框，❶单击"鼠标单击"选项卡，❷选中"播放声音"复选框，如图7-47所示。

Step 02 ❶单击"播放声音"下拉列表框，❷在弹出的下拉菜单中选择"其他声音"命令，如图7-48所示。

图7-47

图7-48

Step 03 ❶在打开的"添加声音"对话框中选择声音的保存路径，❷选择需要添加的声音，这里选择"BGM.wav"选项，单击"打开"按钮完成声音的添加，如图7-49所示。

Step 04 返回到"动作设置"对话框中直接单击"确定"按钮返回幻灯片，完成设置，如图7-50所示。

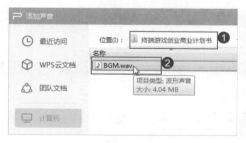

图7-49

图7-50

TIPS | *为动作按钮添加音频链接的注意事项*

　　在WPS演示中，添加声音的格式只能是".wav"，如果是其他格式的音频文件，程序则识别不出。

　　除了上面介绍的方法外，还可以通过超链接的方式添加音频。选择动作按钮，❶在打开的"动作设置"对话框中选中"超链接到"单选按钮，❷在下方的下拉列表框中选择"其他文件"命令，在打开的对话框中插入音频，完成后在播放状态下，单击动作按钮，即可打开音频播放窗口，如图7-51所示。

图7-51

7.3.3　添加自定义动作按钮

除了系统预设的动作按钮可以使用外，用户还可以添加自定义动作按钮，这些动作按钮用户可以在网上进行下载。网上下载的按钮比系统内置的动作按钮更加美观、多样。

这里以在"终端游戏创业商业计划书"演示文稿中将提供的按钮添加到幻灯片母版中设置为播放按钮为例，进行具体操作。

Step 01 单击"设计"选项卡下的"编辑母版"按钮，进入母版编辑状态，如图7-52所示。

Step 02 ❶选择母版幻灯片，❷依次插入动作按钮"1.png"～"4.png"，如图7-53所示。

图7-52

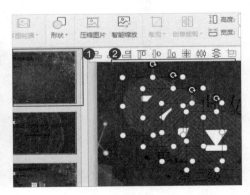

图7-53

Step 03 选择插入的4个按钮，同时缩放到合适的大小，在"图片工具"选项卡中设置按钮靠上对齐和横向分布，再将其放置在合适的位置，如图7-54所示。

Step 04 ❶切换到标题母版幻灯片并右击，❷在弹出的快捷菜单中选择"设置背景格式"命令，如图7-55所示。

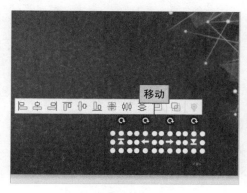

图7-54

图7-55

Step 05 ❶在打开的"对象属性"任务窗格中展开"填充"选项，❷选中"隐藏背景图形"复选框，如图7-56所示。

Step 06 在主母版幻灯片中选择"1.png"图标，单击"插入"选项卡下的"动作"按钮，如图7-57所示。

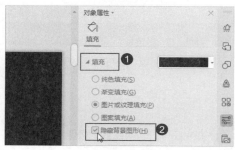

图7-56

图7-57

Step 07 ❶在打开的"动作设置"对话框中选中"超链接到"单选按钮，❷单击"超链接到"下拉列表框，❸选择"第一张幻灯片"选项，单击"确定"按钮，如图7-58所示。

Step 08 同样的，选择"2.png"图标，❶在打开的"动作设置"对话框中选中"超链接到"单选按钮，❷在"超链接到"下拉列表框中选择"上一张"选项，单击"确定"按钮，如图7-59所示。

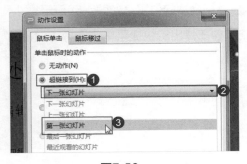 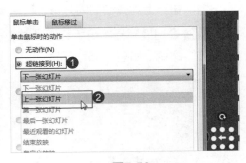

图7-58　　　　　　　　　　　　　　　　图7-59

Step 09 用同样的方法将"3.png"图标设置为链接到下一张，将"4.png"图标设置为链接到最后一张幻灯片，如图7-60所示。

Step 10 单击"幻灯片母版"选项卡中的"关闭"按钮，退出母版编辑状态，如图7-61所示。

图7-60　　　　　　　　　　　　　　　　图7-61

TIPS 动作按钮的使用

在普通视图中进行幻灯片编辑时，动作按钮是没有效果的，不会进行跳转，只有在幻灯片放映、阅读视图等模式下，才能通过单击动作按钮实现相应的跳转动作。

7.3.4　利用触发器查看幻灯片

使用触发器来控制幻灯片中的动画，可以实现不同环境下播放出不同的动画效果，使得整个幻灯片更加生动，吸引观众眼球。

这里以在"终端游戏创业商业计划书"演示文稿中设置触发器，实现单击形状对象，展示出具体内容为例进行具体操作。

Step 01 切换到第3张幻灯片，❶选择上面一行的两个文本框，❷单击"绘图工具"选项卡下的"组合"下拉按钮，❸选择"组合"选项，如图7-62所示。

Step 02 ❶选择组合后的对象，❷单击"动画"选项卡下的"自定义动画"按钮，如图7-63所示。

图7-62

图7-63

Step 03 ❶单击"自定义动画"窗格中的"添加效果"下拉按钮，❷在弹出的下拉菜单中的"进入"栏中选择"飞入"选项，如图7-64所示。

Step 04 ❶在下方的列表框中单击"组合2"右侧的下拉按钮，❷在弹出的下拉菜单中选择"计时"命令，如图7-65所示。

图7-64

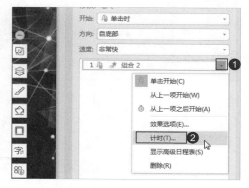

图7-65

Step 05 ❶在打开的"飞入"对话框的"计时"选项卡中单击"触发器"按钮，

❷选中"单击下列对象时启动效果"单选按钮，如图7-66所示。

Step 06 ❶单击"单击下列对象时启动效果"下拉列表框，❷在弹出的下拉列表中选择第1个"内容占位符3"选项，完成后单击"确定"按钮即可，如图7-67所示。

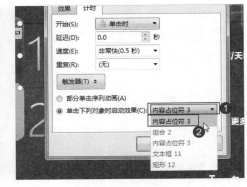

图7-66   图7-67

Step 07 ❶以同样的方法为幻灯片中下方的对象设置触发器（在"单击下列对象时启动效果"下拉列表框中选择第2个"内容占位符3"选项），❷完成后预览该幻灯片，单击左侧的图片对象，即可触发右侧的组合对象，如图7-68所示。

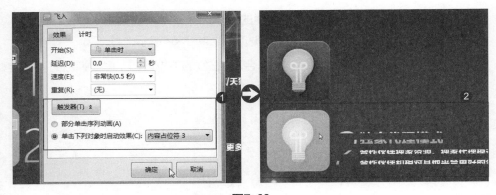

图7-68

第8章
演示文稿的放映
与输出

演示文稿编辑与制作完成后，还需要了解如何放映演示文稿。另外，为了确保在其他设备或环境下顺利放映演示文稿，用户还需要知道在WPS中如何输出演示文稿。

内容思维导图

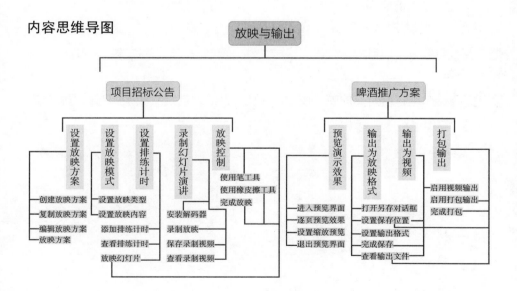

8.1 放映项目招标公告演示文稿

项目招投标公告演示文稿主要是用来向参加招标会的各个企业展示招标项目的具体情况、参与竞标的要求以及相关文书的格式要求等。制作一份精致、美观且内容全面的招标公告演示文稿，能够有效促进招标工作顺利进行。

| 素材文件 | ◎素材\Chapter 8\项目招标公告.pptx |
| 效果文件 | ◎效果\Chapter 8\项目招标公告\ |

8.1.1 自定义演示内容

用户制作好演示文稿后，根据不同用户的需要，可以选择演示文稿的不同部分进行放映，避免多次对演示文稿中的内容进行增加和删除，同时可以针对目标观众群体定制出最适合的演示文稿放映方案。

下面以在"项目招标公告"演示文稿中分别自定义放映去掉第11页和第10页幻灯片为例，进行具体介绍。

Step 01 ❶打开"项目招标公告"素材文件，❷单击"幻灯片放映"选项卡，如图8-1所示。

Step 02 ❶单击"自定义放映"按钮，❷在打开的"自定义放映"对话框中单击"新建"按钮，如图8-2所示。

图8-1

图8-2

Step 03 ❶打开"定义自定义放映"对话框中的"幻灯片放映名称"文本框中输入"不包含规范文件"文本，❷在"在演示文稿中的幻灯片"列表框中选择"1.幻灯片1"选项，❸单击"添加"按钮，将其添加到右侧的"在自定义放映中的幻灯片"列表框中，如图8-3所示。

Step 04 ❶以同样的方法将除"11.相关文件链接"选项以外的全部幻灯片添加到右侧的列表框中，❷单击"确定"按钮即可，如图8-4所示。

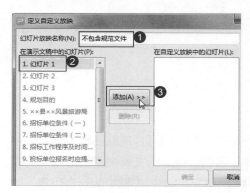

图8-3

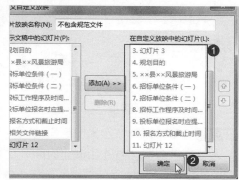

图8-4

TIPS 调整幻灯片的播放顺序

在自定义演示文稿时，如果想要调整演示文稿的播放顺序，也可以在"定义自定义放映"对话框中实现。例如，要将第9页的幻灯片的播放顺序调整到第10页之后，❶可以选择右侧列表框中的"9.投标单位报名时应提…"选项，❷单击右侧的⬇按钮，❸查看最终效果，如图8-5所示。

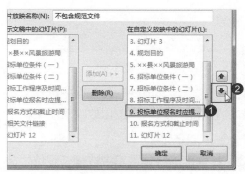

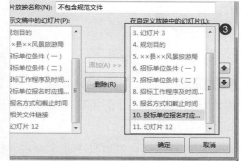

图8-5

Step 05 返回到"自定义放映"对话框中可以查看到"自定义放映"列表框中新增了一个选项，❶选择"自定义放映"栏中的"不包含规范文件"选项，❷单击右侧的"复制"按钮，如图8-6所示。

Step 06 ❶选择"（复件）不包含规范文件"选项，❷单击"编辑"按钮，如图8-7所示。

图8-6　　　　　　　　　　　　　　　　图8-7

Step 07 ❶在打开"定义自定义放映"对话框中的"幻灯片放映名称"文本框中输入"不包含报名方式和截止时间"文本，❷在"在演示文稿中的幻灯片"列表框中选择"11.相关文件链接"选项，❸将其添加到右侧列表框中的对应位置，如图8-8所示。

Step 08 ❶选择右侧列表框中的"10.报名方式和截止时间"选项，❷单击"删除"按钮，❸单击"确定"按钮，如图8-9所示。

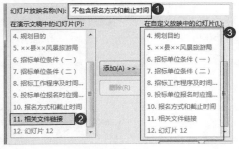
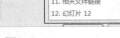
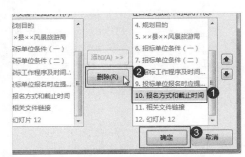

图8-8　　　　　　　　　　　　　　　　图8-9

Step 09 ❶返回到"自定义放映"对话框，在"自定义放映"列表框中选择"不包含报名方式和截止时间"选项，❷单击右下角的"放映"按钮放映演示文稿，如图8-10所示。

Step 10 ❶在任意幻灯片上单击鼠标右键，在弹出的快捷菜单中选择"定位"命令，❷在其子菜单中选择"自定义放映"命令，❸在其子菜单中选择"不包含规范文件"选项，如图8-11所示。

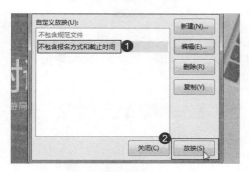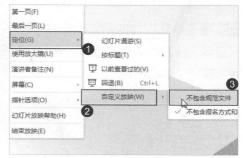

图8-10　　　　　　　　　　　　　　图8-11

TIPS *删除不需要的放映方式*

　　如果有的自定义放映方式不再需要，❶用户可在"自定义放映"列表框中选择该选项，❷单击"删除"按钮将其删除，如图8-12所示。

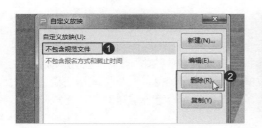

图8-12

8.1.2　设置幻灯片放映模式

　　在放映幻灯片之前，首先应当确认幻灯片的放映途径，不同的放映途径要选择不同的放映方式。在WPS演示中，系统提供了两种幻灯片放映模式供用户使用，分别是演讲者放映和在展台浏览。

　　下面以在"项目招标公告"演示文稿中设置演示文稿的放映方式为演讲者放映并进行放映的相关设置为例，进行具体介绍。

Step 01 ❶单击"幻灯片放映"选项卡下的"设置放映方式"按钮，❷在打开的

"设置放映方式"对话框中的"放映类型"栏中选中"演讲者放映（全屏幕）"单选按钮，如图8-13所示。

Step 02 ❶在"放映幻灯片"栏中选中"自定义放映"单选按钮，❷在"自定义放映"下拉列表框中选择"不包含报名方式和截止时间"选项，最后单击"确定"按钮，如图8-14所示。

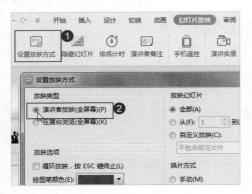

图8-13

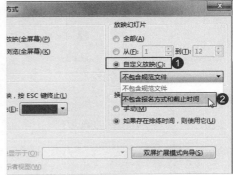

图8-14

TIPS *两种幻灯片放映模式的区别*

　　演讲者放映和在展台浏览都是全屏放映。演讲者放映由演讲者控制整个演示的过程，演示文稿将在观众面前全屏播放；在展台浏览是指整个演示文稿会以全屏的方式循环播放，在此过程中除了通过鼠标光标选择屏幕对象进行放映外，不能对其进行任何修改。

8.1.3　演示文稿排练计时

　　演示文稿的排练计时是指在真实放映演示文稿时，同步设置幻灯片的切换时间，在整个演示文稿放映结束后，系统会自动将所有的时间记录下来，以便在自动播放时按照所记录的时间自动切换幻灯片。下面具体介绍演示文稿排练计时的具体操作。

Step 01 ❶单击"幻灯片放映"选项卡，❷单击"排练计时"按钮，开始排练计时，如图8-15所示。

Step 02 此时幻灯片会切换成全屏放映模式，此时屏幕左上角会出现一个"预演"工具栏，如图8-16所示。

图8-15　　　　　　　　　　　　　　　　　　图8-16

Step 03 完成第一张幻灯片的讲解后，单击"预演"工具栏中的"下一项"按钮，将切换到下一张幻灯片继续计时，如图8-17所示。

Step 04 使用同样的方法，按照实际的讲解需要放映其他幻灯片。完成放映时，系统会自动打开"WPS演示"对话框，单击"是"按钮，如图8-18所示。

图8-17　　　　　　　　　　　　　　　　　　图8-18

Step 05 程序会自动切换到幻灯片浏览视图，查看每张幻灯片播放所耗时间，如图8-19所示。

图8-19

Step 06 ❶单击"幻灯片放映"选项卡下的"设置放映方式"按钮，❷在打开的"设置放映方式"选项卡中选中"如果存在排练时间，则使用它"单选按钮，❸单击"确定"按钮，如图8-20所示。

Step 07 单击"幻灯片放映"选项卡中的"从头开始"按钮从头开始放映幻灯片，可以看到幻灯片按照排练的时间自动切换，如图8-21所示。

图8-20

图8-21

TIPS *关闭排练计时*

如果用户需要关闭排练计时，则需要在打开的"设置放映方式"对话框中的"换片方式"栏选中"手动"单选按钮，然后单击"确定"按钮，具体操作方法参照上文中的Step 06即可。

8.1.4　录制幻灯片演讲实录

WPS演示中的演讲实录功能可以根据演讲者的实际演讲和幻灯片的放映操作生成一个视频文件，这个视频文件不仅包含幻灯片的内容，还包括了用户在放映幻灯片时的操作，以及笔迹和演讲者的声音，最终生成一个演讲视频。

下面以在"项目招标公告"演示文稿中录制幻灯片演示视频为例，进行具体介绍。

Step 01 单击"幻灯片放映"选项卡中的"演讲实录"按钮，如图8-22所示。

Step 02 ❶在打开"演讲实录"对话框中可以看到"开始录制"按钮不可用，❷单击"立即安装"超链接，如图8-23所示。

图8-22

图8-23

Step 03 ❶在打开的"下载与安装WebM视频解码器插件"对话框中选中"我已阅读"复选框，❷单击"下载并安装"按钮，如图8-24所示。

Step 04 在打开的对话框中出现安装完成的提示后单击"完成"按钮即可返回到"演讲实录"对话框，如图8-25所示。

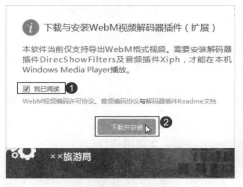

图8-24

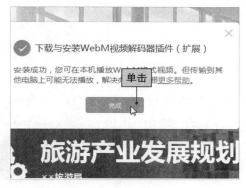

图8-25

Step 05 单击对话框下方的"本地视频"按钮左侧的"自定义路径"超链接，如图8-26所示。

Step 06 在打开的"选择输出路径"对话框中选择文件所在的文件夹，这里选择"项目招标公告"文件夹，单击"选择文件夹"按钮即可完成默认保存路径设置，如图8-27所示。

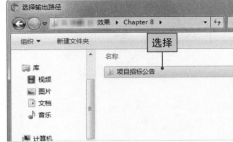

图8-26　　　　　　　　　　　　　　　　　图8-27

Step 07 返回到"演讲实录"对话框中单击"开始录制"按钮，开始录制，此时演讲者可以开始切换幻灯片进行演讲，如图8-28所示。

Step 08 演讲完成后系统将自动在默认保存路径下创建一个文件夹保存演讲视频，选择生成的视频文件并右击，选择"打开方式"命令，如图8-29所示。

图8-28　　　　　　　　　　　　　　　　　图8-29

Step 09 在打开的"打开方式"对话框中选择"Windows Media Player"选项，单击"确定"按钮，如图8-30所示。

Step 10 最后查看到播放器开始播放录制的演讲视频，如图8-31所示。

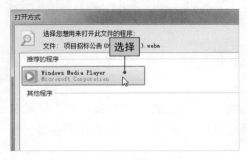

图8-30　　　　　　　　　　　　　　　　　图8-31

TIPS │ *WebM视频传输*

　　因专利授权问题，"输出视频"和"演讲实录"功能当前仅支持输出 WebM格式的视频。WebM视频传输至其他电脑后，可能因未安装解码器而无法 打开或播放，此时有以下方案可以进行解决。1.直接使用最新版的国内主流网 页浏览器或Chrome 6、FireFox 4、Opera10.60以后版本的网页浏览器进行播放； 2.以下播放器支持播放WebM格式视频，如迅雷影音、暴风影音、QQ影音以及 POT Player等；3.在需要播放的电脑上预先安装解码器，便于使用系统自带的 Windows Media Player播放器进行播放。

8.1.5　放映过程中的控制

　　在幻灯片的放映过程中，用户可以选择笔或荧光笔在幻灯片中勾画重 点，添加手写笔迹或是擦除多余笔迹，可以起到强调展示内容的作用，给 观众留下深刻印象。

　　下面以在"项目招标公告"演示文稿放映过程中添加手写笔迹并擦除 多余笔迹为例，进行具体介绍。

Step 01 单击"幻灯片放映"选项卡中的"从头开始"按钮，开始放映幻灯片， 如图8-32所示。

Step 02 ❶在幻灯片放映过程中右击，选择"指针选项"命令，❷在其子菜单中 选择"荧光笔"命令，如图8-33所示。

图8-32

图8-33

Step 03 在需要突出显示内容的位置，按住鼠标左键不放进行拖动即可对重点文本进行突出勾画，如图8-34所示。

Step 04 ❶在放映的过程中如果需要添加注释，可以再次右击，选择"指针选项"命令，❷在其子菜单中选择"圆珠笔"命令，如图8-35所示。

图8-34　　　　　　　　　　　　　　　　图8-35

Step 05 当鼠标光标变为了圆点状时，在幻灯片中需要的位置进行绘制，添加注释，如图8-36所示。

Step 06 如果添加的注释有错误，需要擦除时，可在幻灯片上右击，选择"指针选项/橡皮擦"命令，如图8-37所示。

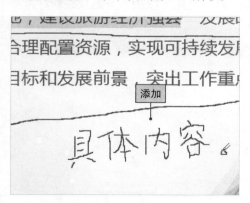

图8-36　　　　　　　　　　　　　　　　图8-37

Step 07 当鼠标光标变为◇形状时，在多余的位置按下鼠标左键进行拖动即可擦除，如图8-38所示。

Step 08 完成幻灯片的放映后，系统将自动打开一个提示对话框，单击"放弃"

按钮，此时将不会保存笔迹，如图8-39所示。

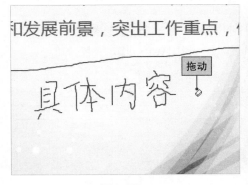

图8-38   图8-39

TIPS 幻灯片放映中场休息处理和添加备注

　　若一个演示文稿的内容较多，需要分几部分进行讲解时，就会涉及中场休息。如果又不想让幻灯片退出放映状态，则可以让幻灯片呈现黑屏或白屏。在幻灯片中右击，选择"屏幕/黑屏（白屏）"命令即可，如8-40左图所示。

　　用户在模拟幻灯片讲解的过程中，如果需要为该页幻灯片添加备注，退出播放状态又太麻烦，可以在幻灯片放映状态下进行添加。右击鼠标，选择"演讲者备注"命令，❶在打开的"演讲者备注"对话框中可以为当前幻灯片添加备注，❷单击"确定"按钮即可，如8-40右图所示。

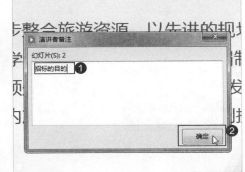

图8-40

8.2 输出啤酒推广方案演示文稿

在WPS演示中完成了演示文稿的制作后，为了方便传播或使用等需求，可能会需要将演示文稿导出为其他类型，利用WPS即可轻松实现。

素材文件	◎素材\Chapter 8\××啤酒推广方案.pptx
效果文件	◎效果\Chapter 8\啤酒推广方案\

8.2.1 预览演示文稿效果

完成演示文稿制作后，用户还需要进行预览，确保幻灯片风格、内容以及动画等达到预期的效果。

下面以在"××啤酒推广方案"演示文稿中进入预览界面并预览演示文稿的最终效果为例进行介绍。

Step 01 ❶打开"××啤酒推广方案"素材文件，❷单击快速访问工具栏中的"打印预览"按钮即可进入预览界面，如图8-41所示。

Step 02 在打开的"打印预览"选项卡中单击"下一页"按钮，可以查看下一页幻灯片，如图8-42所示。

图8-41

图8-42

Step 03 ❶单击"打印预览"选项卡下的"缩放比例"下拉按钮，❷在弹出的下拉列表中选择"100%"选项，即可在该比例下预览演示文稿，如图8-43所示。

Step 04 完成效果预览后，单击"打印预览"选项卡下的"关闭"按钮即可退出演示文稿预览模式，如图8-44所示。

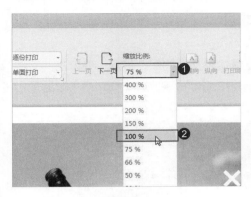

图8-43

图8-44

TIPS *打印演示文稿*

在幻灯片预览界面还可以进行打印，只需要设置打印的相关参数，选择已连接的打印机，单击"直接打印"按钮即可开始进行打印，如图8-45所示。

除此之外，在普通视图界面直接单击快速访问工具栏中的"打印"按钮，在打开的"打印"对话框中进行参数设置，也可以打印，如图8-46所示。

图8-45

图8-46

8.2.2 将演示文稿保存为放映格式

如果用户需要将制作好的演示文稿放在其他地方进行放映，且不希望演示文稿受到任何修改和编辑，可以将其保存为放映格式。下面以将

"××啤酒推广方案"演示文稿保存为放映格式为例进行介绍。

Step 01 ❶单击"文件"按钮，❷在弹出的下拉菜单中选择"另存为"命令，如图8-47所示。

Step 02 在打开的"另存为"对话框中设置输出文件的保存位置，❶单击"文件类型"下拉按钮，❷选择"Microsoft PowerPoint 放映文件（*.ppsx）"选项，单击"保存"按钮即可，如图8-48所示。

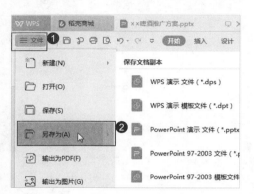

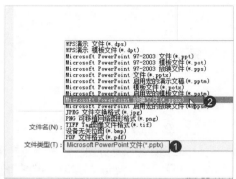

图8-47   图8-48

Step 03 完成另存操作后，❶在文件保存路径中选择保存的放映文件并右击，❷在弹出的快捷菜单中选择"打开方式/WPS Office"命令，如图8-49所示。

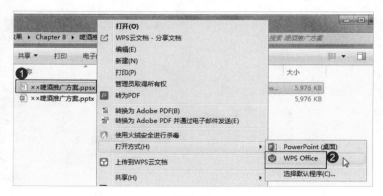

图8-49

Step 04 放映文稿会自动开始放映，但用户不能对其进行编辑或更改，如果用户需要退出播放状态，按【Esc】键会自动关闭该文件，返回到WPS主界面，如图8-50所示。

图8-50

8.2.3　将演示文稿创建为视频

将演示文稿创建为视频文件，不仅可以保证演示文稿的画面质量，还便于演示文稿的发送与观看。与前面介绍的录制演讲实录相似的是，WPS演示中只支持"*.webm"格式。

下面以将"××啤酒推广方案"演示文稿创建为视频文件为例进行具体介绍。

Step 01 ❶单击"特色应用"选项卡，❷单击其中的"输出为视频"按钮，如图8-51所示。

Step 02 在打开的"另存为"对话框中设置输出文件的保存位置，直接单击"保存"按钮即可，如图8-52所示。

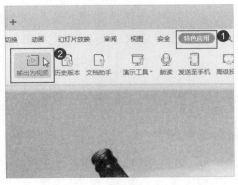

图8-51

图8-52

Step 03 导出视频需要花费较长的时间，完成后在打开的对话框中单击"打开视频"按钮，即可启动电脑的视频播放器，播放该视频，如图8-53所示。

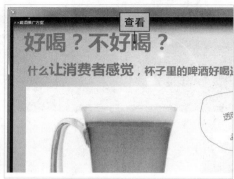

图8-53

TIPS 创建的视频无法播放怎么办？

　　如果创建的视频无法播放，用户可以单击图8-53左图中的"详细攻略"超链接查看解决办法，或是参考本章8.1.4小节中的处理方法，安装".webm"格式的视频播放插件，然后使用电脑中的Windows Media Player进行播放。

8.2.4　将演示文稿打包成压缩文件

　　在日常工作中，制作幻灯片数量比较多的PPT或包含较多嵌入视频时，文件通常比较大，那么文件在直接传输过程中会遇到困难，在这里就需要压缩PPT来传输，速度会加快很多，对方收到后只需要解压文件即可得到传输的文件了。

　　下面以将"××啤酒推广方案"演示文稿打包为压缩文件，并将压缩文件进行解压为例，进行具体介绍。

Step 01 ❶单击"文件"按钮，❷在其下拉菜单中选择"文件打包/将演示文档打包成压缩文件"命令，如图8-54所示。

Step 02 在打开的"演示文件打包"对话框中直接单击"浏览"按钮，如图8-55所示。

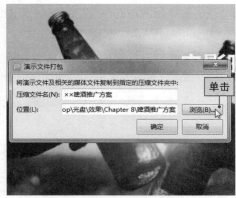

图8-54　　　　　　　　　　　　　　　图8-55

Step 03 ❶在打开的"选择位置"对话框中选择文件要保存的文件夹，❷单击"选择文件夹"按钮，如图8-56所示。

Step 04 ❶返回到"演示文件打包"对话框中单击"确定"按钮，❷在打开的"已完成打包"对话框中单击"关闭"按钮即可，如图8-57所示。

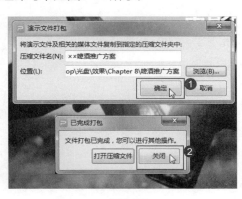

图8-56　　　　　　　　　　　　　　　图8-57

TIPS *打开压缩文件*

　　如果用户的电脑中安装了文件压缩软件，可以直接在"已完成打包"对话框中单击"打开压缩文件"按钮，即可打开打包好的压缩文件。否则，需要先安装一款压缩软件，常用的压缩文件有WinRAR、快压、360压缩以及2345好压等，这些软件用户都可以免费下载使用，用户通过百度搜索下载，根据安装向导进行快速安装即可使用。

Step 05 ❶在设置的保存位置文件夹中选择保存的压缩文件，单击鼠标右键，❷
在弹出的快捷菜单中选择"打开"命令，如图8-58所示。

Step 06 在打开的窗口中即可查看压缩文件中包含的文件（以WinRAR压缩软件
为例，单击"解压到"按钮即可进行解压操作），如图8-59所示。

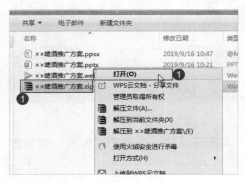

图8-58

图8-59

第9章
WPS表格的创建与编辑

WPS表格主要用来创建与编辑表格数据，它是日常商务办公必不可少的表格工具，因此掌握表格的创建与编辑操作是必不可少的技能。

内容思维导图

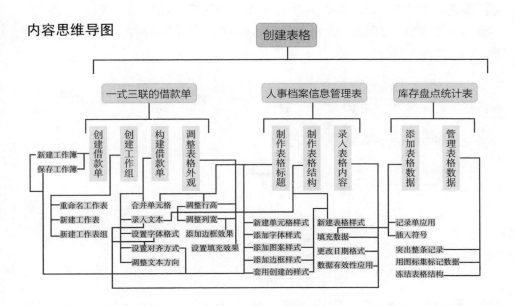

9.1 制作一式三联的借款单

公司借款单主要是公司员工向公司支取现金的凭证，借款单主要的用途是明确借款的相关信息，例如借款时间、借款人、借款用途以及借款金额等。借款单通常一式三联，一份留作存根、一份交给财务、一份留给借款人。

素材文件	◎素材\Chapter 9\无
效果文件	◎效果\Chapter 9\公司借款单模板.xlsx

9.1.1 新建三联工作表并创建工作组

新建工作表之前首先需要创建并保存工作簿，然后在工作簿中新建工作表，最后将新建的工作表创建工作组，减少工作量，同时可以为工作组中的工作表进行编辑或设置。下面将进行具体介绍。

Step 01 启动WPS Office应用程序，❶单击顶部的"新建标签"按钮，❷单击"表格"选项卡，❸单击"新建空白文档"按钮，❹将其保存为"公司借款单模板.xlsx"文件，如图9-1所示。

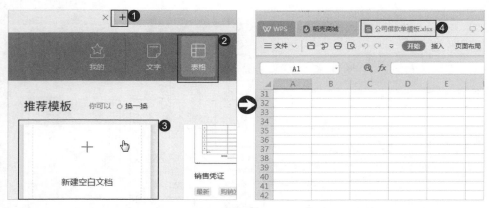

图9-1

Step 02 ❶在"Sheet1"工作表标签上单击鼠标右键，❷在弹出的快捷菜单中选择"重命名"命令，如图9-2所示。

Step 03 ❶此时直接输入新的工作表名称，按【Enter】键即可，这里输入"第一联"文本，❷单击两次右侧的"新建工作表"按钮，如图9-3所示。

图9-2

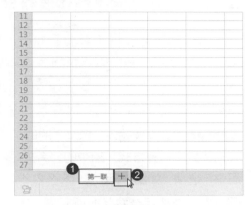

图9-3

Step 04 在两个新建的工作表标签上双击鼠标左键，将其分别重命名为"第二联"和"第三联"，❶单击"第一联"工作表标签，❷按住【Ctrl】键或【Shift】键不放，依次单击"第二联"工作表标签和"第三联"工作表标签，可为3张工作表创建工作组，如图9-4所示。

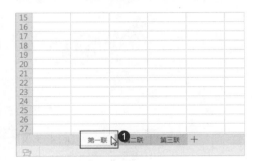

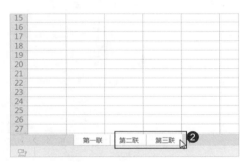

图9-4

TIPS *取消成组工作表*

  为成组的工作表设置完共同的样式后，如果需要为单个工作表设置不同的内容时，则需要取消成组工作表。用户可以单击任意工作表标签取消成组，或是在工作表标签上右击，在弹出的快捷菜单中选择"取消成组工作表"命令，取消成组工作表。

9.1.2　合并单元格制作表格标题

表格标题的作用是帮助其他用户快速了解表格的主要内容，因此设置的表格标题要尽量贴近表格内容，这样才能够一目了然。

下面以在"公司借款单模板"工作簿中介绍单元格的合并操作以及文本标题的录入操作为例，进行具体介绍。

Step 01 ❶选择要输入标题文本的E2:F2单元格区域，❷单击"开始"选项卡"单元格格式：对齐方式"组中的"合并居中"按钮下方的下拉按钮，❸选择"合并居中"选项，如图9-5所示。

Step 02 ❶选择合并后的单元格，输入"借款单"文本，选择该单元格，❷在"开始"选项卡"字体"组中设置字体格式为"方正大标宋简体，18"，如图9-6所示。

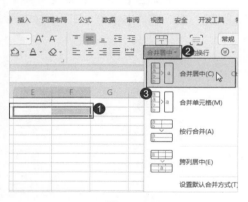

图9-5

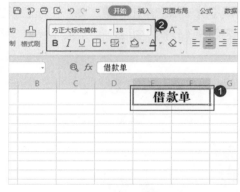

图9-6

Step 03 将文本插入点定位到"借"和"款"之间，输入两个空格，以同样的方法在"款"和"单"文本之间输入两个空格，如图9-7所示。

图9-7

TIPS *合并单元格的多种方式*

"合并居中"选项表示合并后保留首个单元格中的文本居中显示；"合并单元格"选项表示合并后保留首个单元格中的文本按合并前的格式显示；"合并相同单元格"选项表示将相同的单元格进行合并；"合并内容"选项表示合并选择的单元格，并保留原始单元格中的所有内容，如图9-8所示。

图9-8

9.1.3 录入表格内容并搭建表格结构

完成表格标题的设置后，就可以开始录入表格内容了，搭建出大致的表格结构。下面将进行具体介绍。

Step 01 ❶在H2和H3单元格中分别录入"编号："和"日期："文本，选择H2:H3单元格区域，❷单击"开始"选项卡"字体"组设置字体格式为"宋体，10"，❸单击"单元格格式：对齐方式"组中的"底端对齐"按钮和"右对齐"按钮，如图9-9所示。

Step 02 ❶分别在C5、G5、C6、G6、C7、C8、C10、F10、H10单元格录入文本，按住【Ctrl】键，依次选择这些单元格，❷在"开始"选项卡"字体"组中设置字体格式为"宋体，12"，❸设置段落格式为"水平居中"，如图9-10所示。

图9-9

图9-10

Step 03 将文本插入点定位到C6单元格中的"（小写）"文本前，按【Alt+Enter】组合键进行换行显示，用同样的方法为G6单元格进行换行显示，如图9-11所示。

Step 04 完成设置后查看最终效果，如图9-12所示。

图9-11   图9-12

TIPS *精确设置单元格格式*

　　与WPS文字相似，在WPS表单中同样可以单击"字体"组和"单元格格式：对齐方式"组右下角的"对话框启动器"按钮，在打开的"单元格格式"对话框中进行详细设置即可。

9.1.4 添加三联标识并调整文字方向

　　借款单中三联的内容基本相同，唯一不同的是三联借款单右侧的标识，这里主要介绍添加标识并调整文本方向的具体操作。

　　下面以在"公司借款单模板"工作簿中插入标识文本并调整文本方向为中纵向为例，进行具体介绍。

Step 01 ❶选择K5:K8单元格区域，❷单击"开始"选项卡"单元格格式：对齐方式"组中的"合并居中"按钮，如图9-13所示。

Step 02 ❶在合并后的单元格中录入"第一联　存根"文本，选择该单元格，❷在"开始"选项卡"字体"组中设置字体格式为"宋体，11"，设置段落格式为"水平居中"，如图9-14所示。

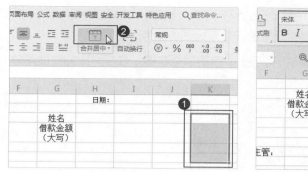

图9-13

图9-14

Step 03 ❶选择K5单元格，❷单击"开始"选项卡"单元格格式：对齐方式"组中的"对话框启动器"按钮，如图9-15所示。

Step 04 ❶在打开的"单元格格式"对话框中的"对齐"选项卡中选中右侧"方向"栏中的"文字竖排"复选框（或单击"文本"按钮），❷单击"确定"按钮将文本设置为竖排，如图9-16所示。

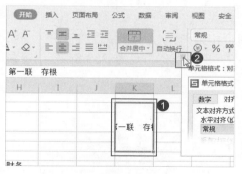

图9-15

图9-16

9.1.5 调整表格的行高与列宽

从图9-15可以发现，表格中有的单元格内容显示不完整，这时可以通过调整行高和列宽的方式调整单元格的宽和高，从而让单元格文本展示完整，使其符合实际需要。

下面以在"公司借款单模板"工作簿中通过手动调整和精确调整两种方式调整表格区域的行高和列宽，进行具体介绍。

Step 01 将鼠标光标移动到第1行单元格行号下方，当鼠标光标变为 + 形状时，按下鼠标左键不放进行拖动，调整单元格的行高，如图9-17所示。

Step 02 ❶将鼠标光标移动到第3行行号上，单击鼠标右键，❷在弹出的快捷菜单中选择"行高"命令，如图9-18所示。

图9-17

图9-18

Step 03 ❶在打开的"行高"对话框的"行高"数值框中输入"15.75"，❷单击"确定"按钮，如图9-19所示。

Step 04 按住【Ctrl】键，依次选择第4行和第9行，设置行高为"3磅"，如图9-20所示。以同样的方法设置第5、6、7、8、9行的行高为"33.8磅"，设置第10和第11行的行高为"14.25磅"。

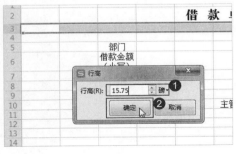

图9-19

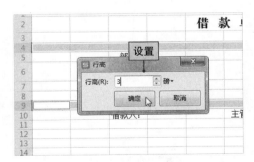

图9-20

Step 05 将鼠标光标移动到B列列标右侧，当鼠标光标变为 + 形状时，按下鼠标左键不放向左拖动调整该列的列宽，如图9-21所示。

Step 06 ❶按住【Ctrl】键，依次选择C、E、F、G、H、I、J列，❷单击"开始"选项卡下的"行和列"下拉按钮，❸在弹出的下拉菜单中选择"列宽"命令，如图9-22所示。

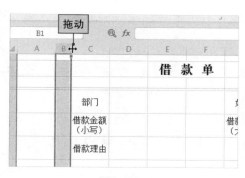

图9-21

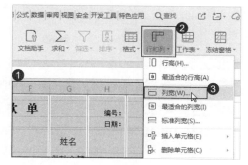

图9-22

Step 07 ❶在打开的"列宽"对话框中的"列宽"数值框中输入"8.38"，❷单击"确定"按钮，如图9-23所示。

Step 08 以同样的方法设置D和K列的列宽为"3字符"，设置L列的列宽为"0.65字符"，查看最终效果，如图9-24所示。

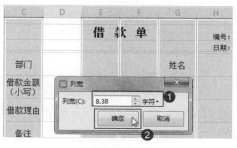

图9-23

图9-24

TIPS *设置最合适的行高和列宽*

　　单击"行和列"下拉按钮，在弹出的下拉菜单中选择"最合适的行高"选项，表格的行高即可根据单元格内容的高度自行调整；选择"最合适的列宽"选项，列宽即可根据单元格中内容的宽度自行调整。

9.1.6　为表格添加边框结构

　　虽然表格的大体结构已经搭建好，但为了让表格与其他部分形成对比，从而更加突出表格内容，还可以为表格添加边框，让表格结构明显。

下面以在"公司借款单模板"工作簿中为表格的内容部分添加边框为例，进行具体介绍。

Step 01 ❶选择C5:J8单元格区域，❷单击"开始"选项卡"字体"组中的"无边框"按钮右侧的下拉按钮，❸选择"其他边框"命令，如图9-25所示。

Step 02 ❶在打开的"单元格格式"对话框中的"边框"选项卡的"样式"列表框中选择边框样式，❷单击"预置"栏中的"外边框"按钮，❸单击"内部"按钮，最后单击"确定"按钮，如图9-26所示。

图9-25

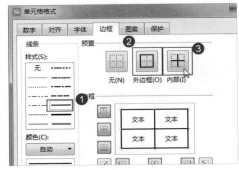

图9-26

Step 03 分别合并I2:J2、I3:J3、D5:F5、E6:F6、D7:J7、D8:J8、H5:J5、H6:J6、D10:E10、I10:J10单元格区域，选择D6单元格，打开"单元格格式"对话框，❶单击按钮取消右侧的边框线，❷单击"确定"按钮，如图9-27所示。

Step 04 选择E2单元格，❶在打开的"单元格格式"对话框中的"边框"选项卡的"样式"列表框中选择双横线样式，❷单击按钮，添加下框线，单击"确定"按钮，如图9-28所示。

图9-27

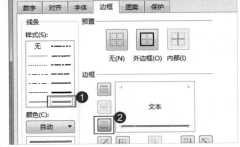

图9-28

Step 05 ❶用同样的方法分别为I2和I3单元格添加单横线下划线，❷完成后查看整体效果，如图9-29所示。

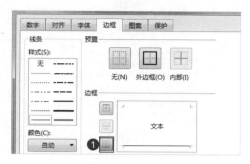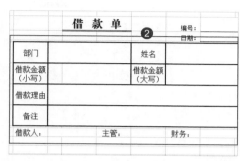

图9-29

TIPS *设置边框的颜色*

在"单元格格式"对话框的"边框"选项卡中不仅可以设置边框的粗细，还可以设置边框的颜色，单击"颜色"下拉按钮，在弹出的下拉菜单中选择合适的颜色即可。

9.1.7 为表格添加填充效果并完善表格

为了对借款单的三联进行区分，通常情况下需要对三联借款单填充填充不同的背景色。除此之外，要完善表格，还需要在小写金额栏前面添加人民币符号。

下面以在"公司借款单模板"工作簿中为表格区域添加背景填充效果，并完善表格设置为例，进行具体介绍。

Step 01 ❶在"第一联"工作表标签上右击，❷选择"取消成组工作表"命令取消成组工作表，如图9-30所示。

Step 02 ❶选择B1:L11单元格区域，❷单击"开始"选项卡"字体"组的"填充颜色"按钮右侧的下拉按钮，❸在弹出的下拉菜单中选择"白色，背景1，深色5%"选项即可，如图9-31所示。然后以同样的方法，分别自定义第二联、第三联的填充色。

图9-30

图9-31

Step 03 ❶选择D6单元格，❷单击"插入"选项卡下的"符号"下拉按钮，在弹出的下拉菜单中选择"¥"选项，如图9-32所示。以同样的方法为第二联、第三联插入¥符号。

Step 04 在第二联和第三联的K5单元格中分别输入"第二联　财务"和"第三联借款人"，如图9-33所示。

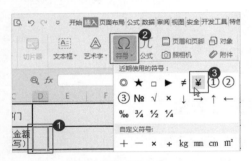

图9-32

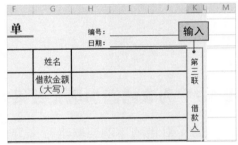

图9-33

Step 05 ❶切换到"视图"选项卡，❷取消选中"显示网格线"复选框，❸查看最终效果，如图9-34所示。用同样的方法设置第二联和第三联。

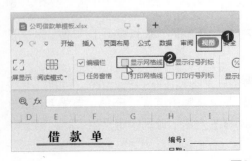

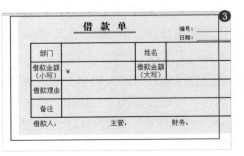

图9-34

9.2　编制人事档案信息管理表

人事档案信息管理表主要是用来存储并管理公司内部所有员工相关信息的表单，是每个企业进行员工管理必不可少的表单。人事档案信息表中主要包含的内容有员工个人信息、工作信息以及合同信息等。

素材文件	◎素材\Chapter 9\无
效果文件	◎效果\Chapter 9\人事档案信息管理表.xlsx

9.2.1　制作表格标题并套用单元格格式

在表格的标题中为其套用单元格样式，可以对表格标题起到强调的作用，从而突出表格标题。下面以新建表格文档，制作并套用单元格样式为例，具体介绍单元格样式的使用方法。

Step 01 新建"人事档案信息管理表.xlsx"文件，❶选择B1:L1单元格区域，❷单击"开始"选项卡"合并居中"按钮下方的下拉按钮，选择"合并单元格"选项，如图9-35所示。

Step 02 ❶在编辑栏中录入"××公司人事档案信息管理表"，按【Ctrl+Enter】组合键，❷单击"开始"选项卡下的"左对齐"按钮，如图9-36所示。

图9-35

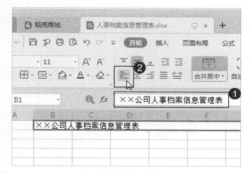

图9-36

Step 03 ❶单击"开始"选项卡下的"格式"下拉按钮，❷在弹出的下拉菜单中选择"样式"命令，❸在弹出的子菜单中选择"新建单元格样式"命令，打开"样式"对话框，如图9-37所示。

Step 04 ❶在"样式名"文本框中输入"标题样式"文本，❷单击"格式"按钮，如图9-38所示。

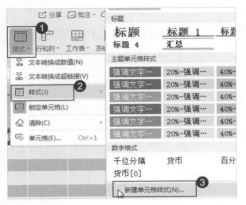

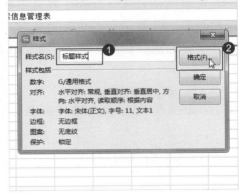

图9-37 图9-38

Step 05 ❶在打开的"单元格格式"对话框中的"字体"选项卡中设置字体格式为"微软雅黑，22"，取消选中"上标"复选框，❷切换到"图案"选项卡，❸选择要填充的颜色，如图9-39所示。

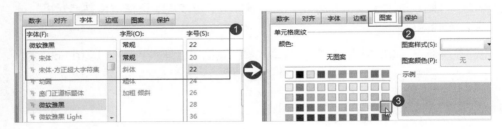

图9-39

Step 06 ❶在"边框"选项卡中选择边框样式，❷设置边框颜色为"白色，背景1"，❸单击"外边框"按钮，连续单击"确定"按钮确定，如图9-40所示。

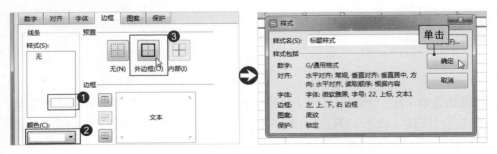

图9-40

Step 07 选择B1单元格，❶单击"开始"选项卡下的"格式"下拉按钮，❷选择"样式/标题样式"命令快速套用单元格样式，如图9-41所示。

Step 08 在第一行行标上右击，选择"行高"命令，❶在打开的"行高"对话框中的"行高"数值框中输入"50"，❷单击"确定"按钮即可，如图9-42所示。

图9-41

图9-42

9.2.2 添加表头并套用表格样式美化表格

完成标题样式的设置后，就可以开始录入表头数据并套用表格样式美化表格，WPS中内置了许多表格样式供用户使用，这里以自定义表格样式为例进行介绍。

Step 01 在B2:L2单元格区域中分别录入需要的表头文本，这里录入"员工编号、姓名、部门、身份证号码、性别、出生日期、年龄、出生地、入职时间、合同年限、合同类型"，并调整行高和列宽，如图9-43所示。

Step 02 ❶单击"开始"选项卡下的"表格样式"下拉按钮，❷在弹出的下拉菜单中选择"新建表格样式"命令，如图9-44所示。

图9-43

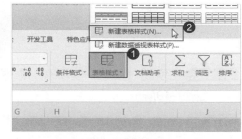

图9-44

Step 03 ①在打开的"新建表样式"对话框中的"名称"文本框中输入"表格样式"文本，②在"表元素"列表框中选择"标题行"选项，③单击"格式"按钮，如图9-45所示。

Step 04 ①在打开的"单元格格式"对话框"字体"选项卡中取消选中"删除线"复选框，②单击"颜色"下拉按钮，③选择"白色，背景1"选项，如图9-46所示。

图9-45

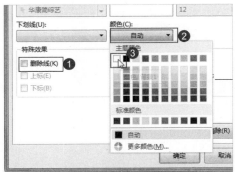

图9-46

Step 05 ①切换到"边框"选项卡，②设置颜色为"白色，背景1"，③单击□按钮，如图9-47所示。

Step 06 ①在样式栏中选择较粗的线条样式，②单击右侧的"外边框"按钮，如图9-48所示。

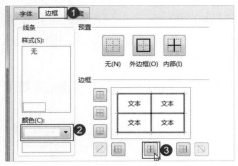

图9-47

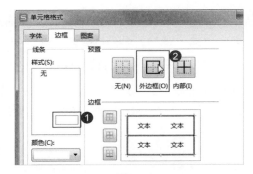

图9-48

Step 07 切换到"图案"选项卡，选择合适的填充颜色，单击"确定"按钮即可，如图9-49所示。

Step 08 返回"新建表样式"对话框，选择"第一行条纹"选项，单击"格式"按钮，在打开的对话框的"字体"选项卡中取消选中"删除线"复选框，切换到"边框"选项卡，①设置颜色为"白色，背景1"，②单击□、□、□按钮，如图9-50所示。

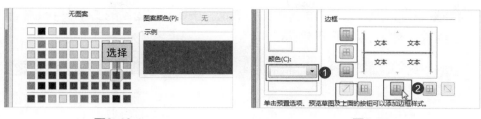

图9-49　　　　　　　　　　　　图9-50

Step 09 ❶在"样式"栏中选择较粗的线条，❷单击▦、▦按钮，❸切换到"图案"选项卡，❹在"颜色"栏中选择合适的填充颜色，单击"确定"按钮，如图9-51所示。

图9-51

Step 10 返回"新建表样式"对话框，打开第一行条纹的"单元格格式"对话框用第一行条纹相同的方法在该对话框的"字体"和"边框"选项卡中设置第二行条纹对应的格式，❶在"图案"选项卡选择合适的颜色后依次关闭所有对话框，返回到工作表中选择B2:L30单元格区域，❷单击"表格样式"下拉按钮，❸选择"表格样式"选项，如图9-52所示。

图9-52

Step 11 在打开的对话框中直接单击"确定"按钮，在返回的工作表中调整行高，查看最终效果，如图9-53所示。

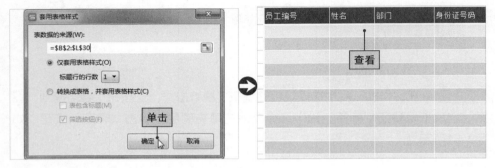

图9-53

9.2.3 设置标题格式并填充员工编号数据

数据填充是WPS表格中的重要功能，能够帮助用户填充重复或有一定规律的数据，避免重复输入的麻烦，从而提高办公效率。

下面以在"人事档案信息管理表"表格中填充员工编号为例，进行具体介绍。

Step 01 ❶选择B2:L2单元格区域，❷在"开始"选项卡中设置字体格式为"微软雅黑，12，加粗"，❸单击"水平居中"按钮，如图9-54所示。同样的方法设置B3:L30单元格区域的格式为"宋体，11，水平居中"。

Step 02 ❶选择B3单元格，❷在编辑栏中输入员工编号文本"GX2019P001"，按【Ctrl+Enter】组合键确定输入，如图9-55所示。

图9-54

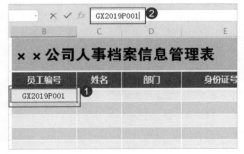

图9-55

Step 03 将鼠标光标移动到B3单元格的右下角，当文本插入点变为十字形状时，按下鼠标左键不放向下拖动到B20单元格，释放鼠标左键，如图9-56所示。

Step 04 ❶单击"自动填充选项"下拉按钮，❷在弹出的下拉菜单中选中"不带格式填充"单选按钮，如图9-57所示。

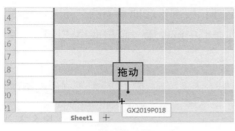

图9-56

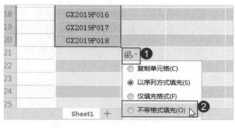

图9-57

TIPS 单元格填充相关介绍

　　在"自定义填充"下拉列表中选中"复制单元格"按钮，可以填充相同数据；选中"仅填充格式"单选按钮，可以只填充单元格格式，不填充数据。

　　除此之外，选择要填充的单元格区域，❶单击"开始"选项卡中的"行和列"下拉按钮，❷选择"填充/序列"命令，在打开的"序列"对话框中可以设置多种填充方式，如图9-58所示。

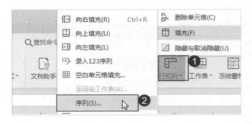

图9-58

9.2.4　更改日期格式

　　在WPS表格中，如果要在单元格中输入日期格式的数据，首先需要设置单元格格式为日期格式，否则在单元格中可以输入任何形式的数据，显得杂乱无章。

下面以在"人事档案信息管理表"表格中设置员工出生日期和入职时间的格式为例，进行具体介绍。

Step 01 ❶按住【Ctrl】键，选择G3:G30和J3:J30单元格区域，❷在"开始"选项卡"单元格格式：数字"组中的"对话框启动器"按钮，如图9-59所示。

Step 02 ❶在打开的"单元格格式"对话框的"数字"选项卡下的"分类"栏中选择"日期"选项，❷在右侧的"类型"列表框中选择第一个日期格式选项，单击"确定"按钮即可，如图9-60所示。

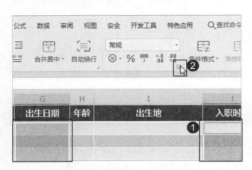

图9-59

图9-60

Step 03 ❶选择J2单元格，❷在编辑栏中输入"2014-3-1"文本，按【Ctrl+Enter】组合键，查看最终的日期效果，如图9-61所示。

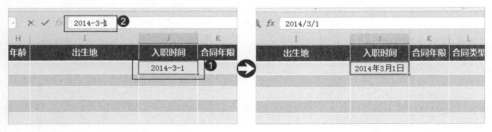

图9-61

9.2.5 运用数据有效性功能限制部门数据的输入

为了规范表格数据的录入，往往需要对录入单元格的数据进行限制。要实现该功能可以使用数据有效性功能，起到限制作用的同时还能够提醒用户如何正确输入。下面进行具体介绍。

Step 01 ❶选择D3:D30单元格区域，❷在"数据"选项卡中单击"有效性"按钮下的下拉按钮，❸在弹出的下拉菜单中选择"有效性"命令，如图9-62所示。

Step 02 ❶在打开的"数据有效性"对话框的"设置"选项卡中的"允许"下拉列表框中选择"序列"选项，❷在"来源"文本框中输入所有的部门名称，并用半角逗号"，"隔开，❸取消选中"提供下拉箭头"复选框，如图9-63所示。

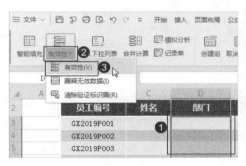

图9-62

图9-63

Step 03 ❶切换到"输入信息"选项卡，在"标题"文本框中输入"输入部门全称"文本，❷在"输入信息"列表框中输入"请输入正确的部门名称全称，例如'人力资源部'。"，❸单击"出错警告"选项卡，如图9-64所示。

Step 04 ❶在"样式"下拉列表框中选择"警告"选项，❷在"标题"文本框中输入"部门名称输入错误"，❸在"错误信息"列表框中输入"请输入正确的部门名称，切勿输入不存在的部门。"文本，单击"确定"按钮，如图9-65所示。

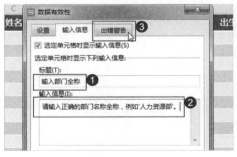

图9-64

图9-65

Step 05 ❶选择该列的任意单元格，即可查看系统提示信息，❷如果在单元格中输入公司不存在的部门，系统会根据之前设置的警告信息进行提示，如图9-66所示。

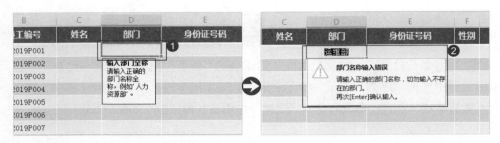

图9-66

9.2.6　设置下拉菜单限制合同类型的录入

如果需要录入的文本较多、较复杂，通过提示的方式可能并不能很好地帮助用户填写表格，此时可以设置下拉菜单，让用户通过选择的方式录入数据。

下面以在"人事档案信息管理表"工作簿中设置下拉菜单限制合同类型为固定期限劳动合同、无固定期限劳动合同以及单项劳动合同为例，进行具体介绍

Step 01 ❶选择L3:L30单元格区域，打开"数据有效性"对话框，❷在"允许"下拉列表框中选择"序列"选项，❸在"来源"文本框中输入"固定期限劳动合同,无固定期限劳动合同,单项劳动合同"文本，❹单击"输入信息"选项卡，如图9-67所示。

Step 02 ❶在标题文本框中输入文本"请通过下拉菜单输入信息，切勿手动输入！"，❷单击"确定"按钮即可，如图9-68所示。

图9-67　　　　　　　　　　　　图9-68

Step 03 ❶返回到工作表中，选择L3单元格，单击右下角的下拉按钮，❷在弹出的下拉菜单中选择合适的选项，❸即可快速录入数据，如图9-69所示。

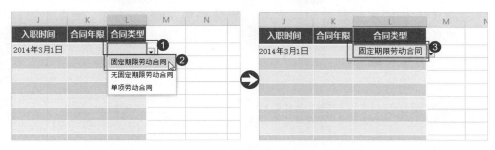

图9-69

在表格中录入数据之后，对表格进行完善，取消网格线，即可查看最终效果，如图9-70所示。

××公司人事档案信息管理表

员工编号	姓名	部门	身份证号码	性别	出生日期	年龄	出生地	入职时间	合同年限	合同类型
GX2019P001	凌静	人力资源部	11****199003055559	男	1990年3月5日	29	北京市 东城区	2014年3月1日	4	固定期限劳动合同
GX2019P002	从学兴	采购部	51****199209187000	女	1992年9月18日	27	四川省 凉山彝族自治州	2012年3月2日	4	固定期限劳动合同
GX2019P003	浦芝星	销售部	51****199309188000	女	1993年9月18日	26	四川省 绵阳市 江油市	2011年5月3日	4	固定期限劳动合同
GX2019P004	林宇	财务部	51****195509051159	男	1995年9月5日	24	四川省 绵阳市 江油市	2015年4月4日	4	固定期限劳动合同
GX2019P005	扶磊芝	生产部	51****199009188000	女	1992年9月18日	27	四川省 凉山彝族自治州	2011年8月5日	2	固定期限劳动合同
GX2019P006	张辉	后勤管理部	11****199203050539	男	1992年3月5日	27	北京市 东城区	2010年7月6日	4	固定期限劳动合同
GX2019P007	黎梁	生产部	51****199409189000	女	1994年9月18日	25	四川省 凉山彝族自治州	2012年3月7日	4	固定期限劳动合同
GX2019P008	李杰	生产部	11****199103052673	男	1991年3月5日	28	北京市 东城区	2014年11月8日	2	固定期限劳动合同
GX2019P009	于旭	外联部	51****199009188000	女	1990年9月18日	28	四川省 绵阳市 洁城区	2014年3月9日	4	固定期限劳动合同
GX2019P010	易苑	质检部	51****199509186000	女	1995年9月18日	24	四川省 乐山市 沙湾区	2011年2月10日	2	固定期限劳动合同
GX2019P011	雷策轮	人力资源部	51****199109188000	女	1991年9月18日	28	四川省 绵阳市 洁城区	2014年7月11日	2	固定期限劳动合同
GX2019P012	公孙姗	采购部	51****199004116000	女	1990年4月11日	29	四川省 南充市 高坪区	2014年3月16日	2	固定期限劳动合同
GX2019P013	华烟健	销售部	23****199306116000	女	1993年6月11日	26	黑龙江省 鹤岗市 南山区	2017年4月13日	4	固定期限劳动合同
GX2019P014	孙进子	生产部	51****199209188000	女	1992年9月18日	27	四川省 绵阳市 洁城区	2014年3月14日	4	固定期限劳动合同
GX2019P015	龙腼琴	生产部	51****199009186000	女	1990年9月18日	29	四川省 乐山市 沙湾区	2012年4月15日	2	固定期限劳动合同
GX2019P016	浦纯可	财务部	51****199304116000	女	1993年4月11日	26	四川省 南充市 高坪区	2013年3月16日	2	固定期限劳动合同
GX2019P017	封惠	销售部	23****198906117000	男	1989年6月11日	30	黑龙江省 大庆市 让胡路区	2011年5月17日	4	固定期限劳动合同
GX2019P018	宁秋	采购部	51****19900918961X	男	1990年9月18日	29	四川省 乐山市 沙湾区	2015年3月18日	4	固定期限劳动合同

图9-70

TIPS　身份证号码的录入与显示

在WPS表格的单元格中录入数字，通常只正常显示11位，如果用户在单元格中输入的数字超过11位，系统便会自动将其转换为文本格式，进行显示。因此，用户可以事先将该列单元格的格式设置为文本格式，或是在输入数字前先在单元格中输入一个半角引号"'"。

9.3 编制库存盘点统计表

除了人事档案信息管理表之外，企业内通常还会编制一个重要的表格，即库存盘点统计表，它是管理企业产品库存情况的表格，对企业的正常经营有着重要意义。

素材文件	◎素材\Chapter 9\库存盘点统计表.xlsx
效果文件	◎效果\Chapter 9\库存盘点统计表.xlsx

9.3.1 使用记录单录入库存情况

在实际工作中，有时需要向一个数据量较多的表单中插入一行新记录，因此有许多时间白白花费在来回切换行和列的位置上。而WPS表格中的记录单功能可以帮助用户在一个小窗口中完成准确输入数据的工作，不必在长长的表单中进行输入。

下面以在"库存盘点统计表"工作簿中使用记录单功能添加一条库存信息为例，具体介绍记录单的使用方法。

Step 01 打开"库存盘点统计表.xlsx"素材文件，❶在"库存统计"工作表中选择任意表格数据单元格，❷单击"数据"选项卡中的"记录单"按钮，如图9-71所示。

Step 02 在打开的"库存统计"对话框中单击右侧的"新建"按钮，准备开始新建，如图9-72所示。

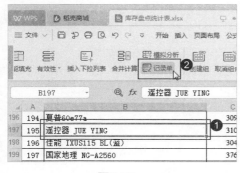

图9-71

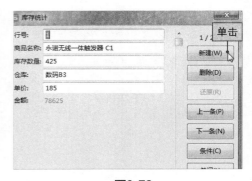

图9-72

186

Step 03 ❶在左侧的前5个文本框中分别输入"201""金士顿 8G SD""318""公司总仓""35"，❷单击右侧的"新建"按钮并关闭对话框，如图9-73所示。

Step 04 返回工作表中，将鼠标光标移动到F202单元格右下角，当鼠标光标变为十字形状时，按下鼠标拖动，填充到F203单元格，❶单击"自动填充选项"下拉按钮，❷选中"不带格式填充"单选按钮，如图9-74所示。

图9-73　　　　　　　　　　　　　　　　　图9-74

TIPS *通过记录单浏览、删除和修改数据*

　　单击"记录单"按钮，在打开的对话框中单击"上一条"按钮和"下一条"按钮可以依次浏览表格中所有的记录，如果需要删除当前浏览的记录，直接单击"删除"按钮即可，如图9-75所示。同样的，在浏览过程中也可对记录进行修改，工作表中的数据会随之改变。

图9-75

9.3.2　使用特殊符号标记需要了解的产品类别

在实际工作中，有时需要对一些重要的，或是需要进行处理的事务进行标记，从而起到提醒的作用，在WPS表格中同样可以通过插入特殊符号标记特殊数据，系统中提供了大量的符号供用户使用，其使用方法也较为简单。

下面以在"库存盘点统计表"工作簿中插入特殊符号标记出"佳能"系列产品为例，进行具体介绍。

Step 01 ❶将文本插入点定位到第一款"佳能"产品单元格的最后（B8单元格），❷单击"插入"选项卡中的"符号"下拉按钮，❸选择"其他符号"命令，如图9-76所示。

Step 02 ❶在打开的"符号"对话框中单击"子集"下拉列表框，❷选择"方块元素"选项，如图9-77所示。

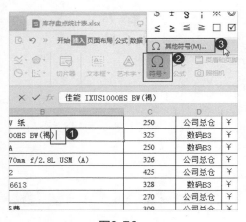

图9-76

图9-77

Step 03 ❶在列表框中拖动右侧的滚动条，找到需要插入的符号，选择该符号，❷单击底部的"插入"按钮即可插入，如图9-78所示。

Step 04 如果该符号经常使用，可以将其添加到符号栏，在"符号"对话框中保持该符号的选择状态，单击底部的"插入到符号栏"按钮即可将其添加到自定义符号列表中，如图9-79所示。

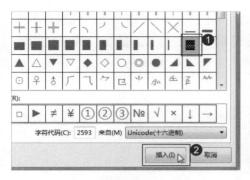

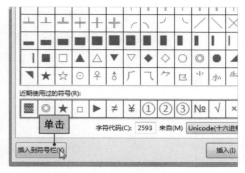

图9-78　　　　　　　　　　　　　　　图9-79

Step 05 将文本插入点定位到下一个需要插入符号的位置，❶单击"插入"选项卡下的"符号"下拉按钮，❷在"自定义符号"栏中选择该符号即可快速插入，如图9-80所示。以同样的方法为其他的数据插入符号。

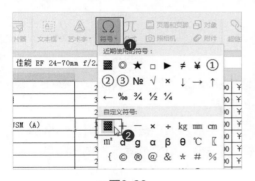

图9-80

TIPS *使用近期使用的符号*

在图9-80中可以发现"符号"下拉菜单中的"近期使用的符号"栏中包含了用户最近使用的所有符号，方便用户快速使用。

9.3.3　突出显示公司总仓的所有库存数据

在查看表格数据时，有时为了查看某一类具有同一特征的数据，但又不能改变工作表的结构，则可以考虑将其进行突出显示。在WPS表格中可以使用条件格式功能，对满足条件的数据进行突出显示。

下面以在"库存盘点统计表"工作簿中突出显示仓库为"公司总仓"的数据对应的整条数据为例，进行具体介绍。

Step 01 ❶选择A3:F203单元格区域，❷单击"开始"选项卡下的"条件格式"下拉按钮，❸选择"新建规则"命令，如图9-81所示。

Step 02 ❶在打开的"新建格式规则"对话框的"选择规则类型"列表框中选择"使用公式确定要设置格式的单元格"选项，❷在"只为满足以下条件的单元格设置格式"文本框中输入"=$D3="公司总仓""，❸单击"格式"按钮，如图9-82所示。

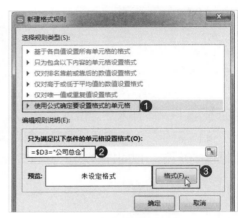

| 图9-81 | 图9-82 |

Step 03 ❶在打开的"单元格格式"对话框中单击"图案"选项卡，❷在"颜色"栏中选择合适的填充色即可，如图9-83所示。

Step 04 ❶切换到"字体"选项卡，❷选择"字形"列表框中的"斜体"选项，❸在"特殊效果"栏中取消选中"删除线"复选框，单击"确定"按钮即可，如图9-84所示。

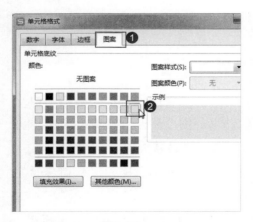

| 图9-83 | 图9-84 |

Step 05 ❶返回到"新建条件格式"对话框中即可在"预览"栏中查看设置的突

出效果，❷单击"确定"按钮即可保存并退出，如图9-85所示。

Step 06 返回到工作表中可以查看到所有的仓库为"公司总仓"的整条数据都被设置了突出显示，如图9-86所示。

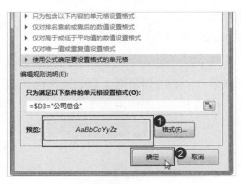

图9-85

库存数量	仓库	单价	金额
425	数码B3	¥ 185.00	¥ 78,625.00
394	数码C6	¥ 18.00	¥ 7,095.60
341	数码B3	¥ 查看 00	¥ 151,522.50
420	数码C6	¥ 15.00	¥ 6,300.00
250	公司总仓	¥ 10.00	¥ 2,500.00
325	数码B3	¥ 1,590.00	¥ 515,955.00
250	数码B3	¥ 65.00	¥ 16,250.00
326	公司总仓	¥ 9,115.00	¥ 2,971,490.00
425	公司总仓	¥ 170.00	¥ 72,250.00
328	数码B3	¥ 85.00	¥ 27,880.00
270	公司总仓	¥ 850.00	¥ 229,500.00
309	公司总仓	¥ 735.00	¥ 226,894.50

图9-86

TIPS 仅突出显示数据所在的单元格

在上例中，如果只需要突出显示"公司总仓"数据，可以选择该列所有表格数据，❶单击"条件格式"下拉按钮，❷选择"突出显示单元格规则/文本包含"命令，❸在打开的对话框中的文本框中输入"公司总仓"，❹单击"确定"按钮即可，如图9-87所示。

图9-87

9.3.4 使用图标集展示库存情况

在单元格中使用图标集，可以很好地帮助用户展示和分析数据，图标集的样式也是多种多样。用图表集展示一定范围的数据也可以起到强调、突出的作用。

　　下面以在"库存盘点统计表"工作簿中自定义图标集，将库存数量小于300的用红色图形标识缺货；库存在300～400之间的用绿色图形标识正常；库存在400以上的用黄色图形标识库存积压为例，进行具体介绍。

Step 01 ❶选择C3:C203单元格区域，❷单击"开始"选项卡下的"条件格式"下拉按钮，❸选择"图标集/其他规则"命令，如图9-88所示。

Step 02 ❶在打开的"新建格式规则"对话框中的"图标样式"下拉列表框中选择需要的图标样式，❷单击"图标"栏左侧第一个下拉列表框，❸选择黄色三角形状，如图9-89所示。同样的方法，在其下方的下拉列表框中选择绿色的圆形，将原来的两个形状调换位置。

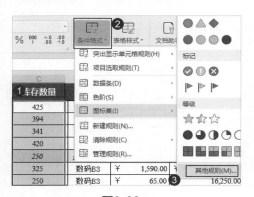
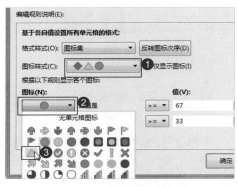

图9-88　　　　　　　　　　　图9-89

Step 03 ❶在右侧两个"类型"下拉列表框中选择"数字"选项，❷单击第二行的符号下拉列表框，❸选择">"选项，如图9-90所示。

Step 04 ❶在黄色三角形右侧对应的文本框中输入"400"，❷在绿色圆形右侧对应的文本框中输入"300"，❸单击"确定"按钮即可，如图9-91所示。

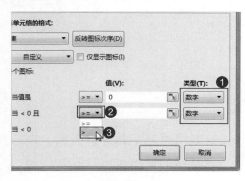

图9-90　　　　　　　　　　　图9-91

Step 05 返回到工作表中即可查看图标集的效果，如图9-92所示。

库存盘点统计表（2019.12）

行号	商品名称		库存数量	仓库	单价		金额	
1	永诺无线一体触发器 C1	▲	425	数码B3	¥	185.00	¥	78,625.00
2	圣奇仕 NB-4L	●	394	数码C6	¥	18.00	¥	7,095.60
3	肯高 PRO1 77mm CPL（W）数码超薄	●	341	数码B3	¥	445.00	¥	151,522.50
4	58mm遮光罩	△	420	数码C6	¥	15.00	¥	6,300.00
5	肯高 72mm UV 纸	●	250	公司总仓	¥	10.00	¥	2,500.00
6	佳能 IXUS1000HS BW（褐）▓	●	325	数码B3	¥	1,590.00	¥	515,955.00
7	品胜 BP-511A	◆	250	数码B3	¥	65.00	¥	16,250.00
8	佳能 EF 24-70mm f/2.8L USM（A）▓	●	326	公司总仓	¥	9,115.00	¥	2,971,490.00
9	捷宝 JY-8802	△	425	公司总仓	¥	170.00	¥	72,250.00
10	BinList JY-6613	●	328	数码B3	¥	85.00	¥	27,880.00
11	柯达 M550	◆	270	公司总仓	¥	850.00	¥	229,500.00
12	联通 1200 资费	●	309	公司总仓	¥	735.00	¥	226,894.50
13	沣标单充	●	394	A世界	¥	16.00	¥	6,300.80

图9-92

TIPS 条件格式的管理

在为表格设置了条件格式后，还可以对条件格式进行管理，主要包括查看所有条件格式、编辑条件格式以及删除条件格式等。

要实现这些操作，可以通过条件格式规则管理器进行设置。❶单击"开始"选项卡中的"条件格式"下拉按钮，❷选择"管理规则"命令，❸在打开的"条件格式规则管理器"对话框中单击"显示其格式规则"下拉列表框，❹选择"当前工作表"选项，即可查看工作表中所有的规则，如图9-93所示。选择规则选项，单击"编辑规则"或"删除规则"按钮可以编辑或删除该规则。

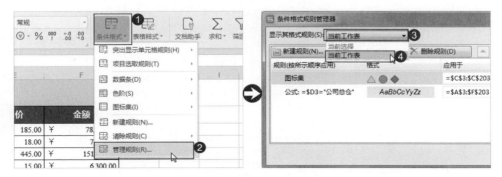

图9-93

9.3.5　冻结库存盘点统计表的标题和表头

　　当我们在制作表格时，如果行列数较多，一旦向下滚屏，则上面的标题行也跟着滚动，在处理数据时往往难以分清各列数据对应的标题，利用冻结窗格功能可以很好地解决这一问题。下面进行具体介绍。

Step 01 ❶选择第3行单元格，❷单击"视图"选项卡中的"冻结窗格"下拉按钮，❸选择"冻结至第2行"选项，如图9-94所示。

Step 02 返回到工作表，滚动屏幕即可查看到标题行和表头不随之滚动，只有表格数据滚动，如图9-95所示。

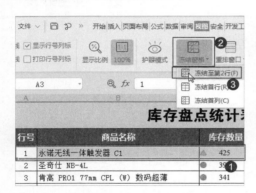

图9-94　　　　　　　　　　　　　　　　　　图9-95

第10章
商务数据的计算与管理

WPS表格拥有强大的数据存储、计算与管理功能，在商务办公的各个领域都会应用到。本章将通过具体的案例介绍WPS数据计算与数据管理相关的知识和操作。

内容思维导图

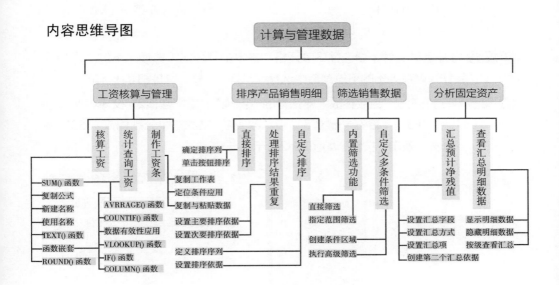

10.1 工资的计算与统计查询

企业的薪酬福利管理是员工管理的重要工作之一，也是十分重要的。通常会采用员工工资表来记录和统计员工每月的工资情况，其中包括福利、考勤和提成等数据。因此，对表格中数据的计算、统计与查询的要求也相对较高。

素材文件	◎素材\Chapter 10\2019年12月员工工资表.xlsx
效果文件	◎效果\Chapter 10\2019年12月员工工资表.xlsx

10.1.1 计算员工的应发工资

通常情况下，公司员工的工资不是单一固定的，而是由多种工资组合而成的，不仅包含工资收入，还有可能存在扣款项目，因此会涉及各种数据的计算。

下面以在"2019年12月员工工资表"工作簿中根据各项工资数据计算员工应发工资为例，进行具体介绍。

Step 01 打开素材文件，❶选择I3单元格，❷单击"公式"选项卡下的"常用函数"下拉按钮，❸在弹出的下拉菜单中选择"SUM"选项，如图10-1所示。

Step 02 ❶在打开的"函数参数"对话框的"数值1"，"数值2"文本框中分别输入"E3"和"F3"，❷在"数值3"和"数值4"文本框中分别输入"G3"和"-H3"，单击"确定"按钮，如图10-2所示。

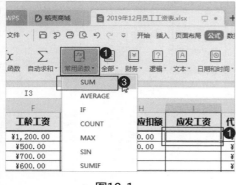

图10-1

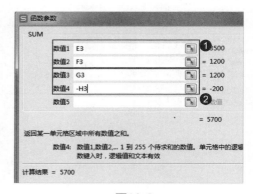

图10-2

Step 03 将鼠标光标移动到I3单元格右下角，当鼠标光标变为十字形状时，按下鼠标向下填充至I38单元格，复制公式进行计算，如图10-3所示。

Step 04 ❶单击"自动填充选项"下拉按钮，❷在弹出的下拉菜单中选中"不带格式填充"单选按钮，如图10-4所示。

0.00	¥100.00	¥6,900.00	¥991.00	¥293.90
0.00		¥5,500.00	¥896.00	¥293.90
0.00		¥6,600.00	¥896.00	¥293.90
0.00		¥6,300.00	¥896.00	¥293.90
0.00		¥7,200.00	¥953.00	¥293.90
.00		¥5,700.00	¥953.00	¥293.90
.00		¥6,200.00	¥953.00	¥293.90
.00	¥100.00	¥5,900.00	¥953.00	¥293.90
.00	¥100.00	¥5,900.00	¥953.00	¥293.90
.00	¥100.00	¥6,400.00	¥953.00	¥293.90
.00	¥100.00	¥6,100.00	¥953.00	¥293.90
.00	¥100.00	¥5,100.00	¥953.00	¥293.90
.00	¥100.00	¥8,700.00	¥1,276.00	¥293.90

拖动

图10-3

00		¥5,700.00	¥953.00	¥293.90
00		¥6,200.00	¥953.00	¥293.90
00	¥100.00	¥5,900.00	¥953.00	¥293.90
00	¥100.00	¥5,900.00	¥953.00	¥293.90
00	¥100.00	¥6,400.00	¥953.00	¥293.90
00	¥100.00	¥6,100.00	¥953.00	¥293.90
00	¥100.00	¥5,100.00	¥953.00	¥293.90
00	¥100.00	¥8,700.00	¥1,276.00	¥293.90

- ○ 复制单元格(C)
- ○ 仅填充格式(F)
- ● 不带格式填充(O) ❷
- ○ 智能填充(E)

❶

图10-4

TIPS *手动输入公式进行计算*

除了通过"公式"选项卡插入函数进行计算外，一些简单的公式或函数也可以以手动输入合成的方式进行快速计算。选择I3:I38单元格区域，直接在编辑栏中输入"=SUM(E3+F3+G3-H3)"公式，按【Ctrl+Enter】组合键即可快速为所有员工计算工资数据，如图10-5所示。

× ✓ fx =SUM(E3+F3+G3-H3)

F	G	H	
工龄工资	奖金	考勤应扣额	应发工资
¥1,200.00	¥1,200.00	¥200.00	+G3-H3)
¥500.00	¥1,200.00	¥100.00	
¥700.00	¥1,200.00		
¥600.00	¥1,200.00		
¥400.00	¥1,000.00	¥300.00	
¥200.00	¥1,000.00	¥200.00	
¥1,000.00	¥1,000.00	¥300.00	
¥700.00	¥1,000.00	¥400.00	

奖金	考勤应扣额	应发工资	代扣代缴额	
¥1,200.00	¥200.00	¥5,700.00	¥328.00	¥
¥1,200.00	¥100.00	¥5,100.00	¥328.00	¥
¥1,200.00		¥5,400.00	¥328.00	¥
¥1,200.00		¥5,300.00	¥328.00	¥
¥1,000.00	¥300.00	¥4,600.00	¥328.00	¥
¥1,000.00	¥200.00	¥4,500.00	¥328.00	¥
¥1,000.00	¥300.00	¥5,200.00	¥328.00	¥
¥1,000.00	¥400.00	¥4,800.00	¥328.00	¥
¥1,000.00	¥200.00	¥4,900.00	¥328.00	¥
¥1,000.00		¥5,100.00	¥328.00	¥
¥1,000.00		¥5,100.00	¥328.00	¥
¥1,000.00	¥100.00	¥4,800.00	¥328.00	¥

图10-5

10.1.2　计算员工的应纳税所得额与个人所得税

通常情况下，员工的应纳税所得额与工资收入并不相同，还需要减去代扣代缴额，然后再根据应纳税所得额计算个人所得税。

下面以在"2019年12月员工工资表"工作簿中通过定义名称计算应纳税所得额，再计算个人所得税为例，进行具体介绍。

`Step 01` ❶选择I3:I38单元格区域，❷单击"公式"选项卡下的"名称管理器"按钮，如图10-6所示。

`Step 02` 在打开的"名称管理器"对话框中单击"新建"按钮，如图10-7所示。

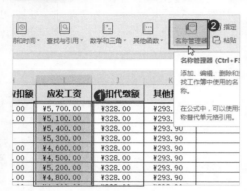
图10-6

图10-7

`Step 03` ❶在打开的"新建名称"对话框中的"名称"文本框中输入"应发工资"文本，❷单击"确定"按钮，如图10-8所示。

`Step 04` 以同样的方法，分别新建"代扣代缴额"名称和"其他扣除"名称，如图10-9所示。

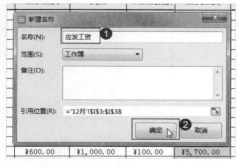
图10-8

图10-9

`Step 05` ❶关闭对话框返回工作表中，选择L3:L38单元格区域，❷在编辑栏中输入"=应"文本，❸系统会弹出提示选项，双击即可，如图10-10所示。

Step 06 ❶继续输入"-代"文本，❷系统会自动弹出提示选项，双击即可，如图10-11所示。

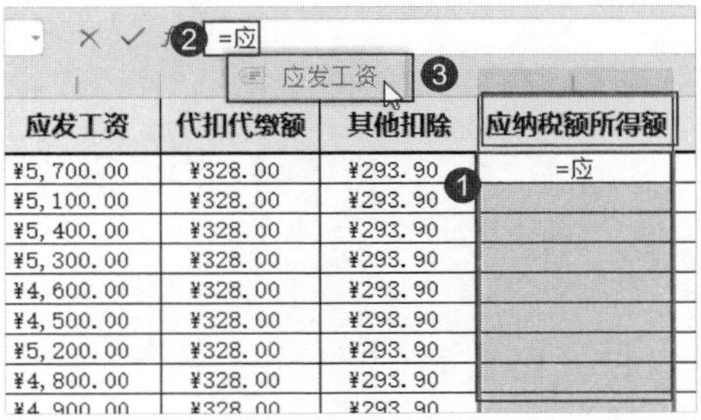

图10-10

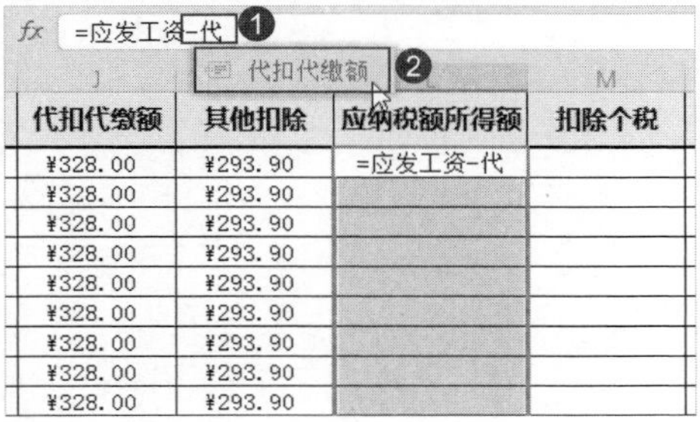

图10-11

Step 07 ❶继续输入"-其"，❷系统会自动弹出提示选项，双击选择即可，如图10-12所示。

Step 08 输入完成后直接按【Ctrl+Enter】组合键即可快速计算应纳税所得额，如图10-13所示。

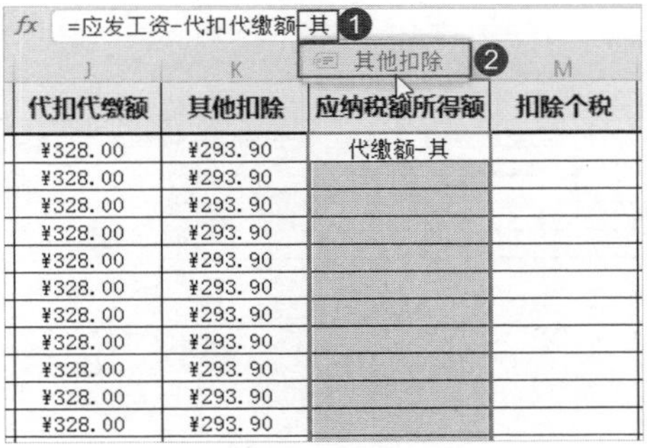

图10-12

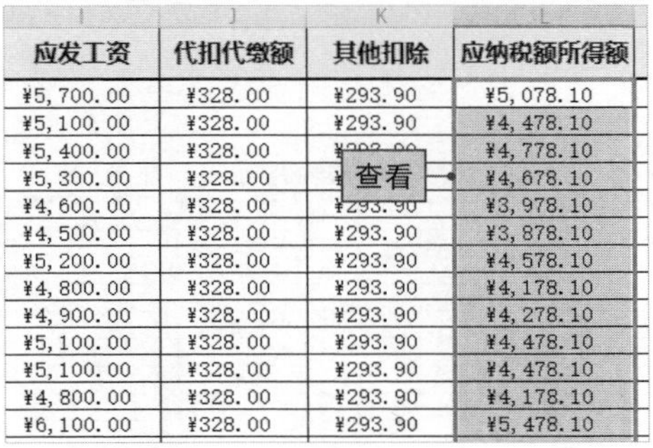

应发工资	代扣代缴额	其他扣除	应纳税额所得额
¥5,700.00	¥328.00	¥293.90	¥5,078.10
¥5,100.00	¥328.00	¥293.90	¥4,478.10
¥5,400.00	¥328.00	¥293.90	¥4,778.10
¥5,300.00	¥328.00	查看	¥4,678.10
¥4,600.00	¥328.00	¥293.90	¥3,978.10
¥4,500.00	¥328.00	¥293.90	¥3,878.10
¥5,200.00	¥328.00	¥293.90	¥4,578.10
¥4,800.00	¥328.00	¥293.90	¥4,178.10
¥4,900.00	¥328.00	¥293.90	¥4,278.10
¥5,100.00	¥328.00	¥293.90	¥4,478.10
¥5,100.00	¥328.00	¥293.90	¥4,478.10
¥4,800.00	¥328.00	¥293.90	¥4,178.10
¥6,100.00	¥328.00	¥293.90	¥5,478.10

图10-13

TIPS 　名称的编辑与删除

在WPS表格中，如果已经设置好的名称不符合当前需要，则需要对其进行编辑，或是删除多余的名称。

首先单击"公式"选项卡下的"名称管理器"按钮，在打开的"名称管理器"对话框中查看到已经存在的名称。如果需要编辑或删除名称，❶只需要选择对应的名称选项，❷单击上方的"编辑"或"删除"按钮即可进行编辑或删除，如图10-14所示。

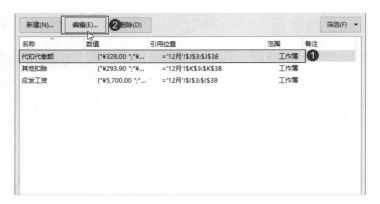

图10-14

Step 09 ❶选择M3单元格，❷在编辑栏中输入“=SUM(TEXT(L3-{0,5,8,17,30,40,60,85}*1000,"0;!0")*{0,3,7,10,5,5,5,10}%)”公式，按【Ctrl+Enter】组合键即可，如图10-15所示。

Step 10 填充单元格至M38单元格，单击“自动填充选项”按钮，选中“不带格式填充”单选按钮即可，如图10-16所示。

图10-15

图10-16

TIPS *最新个人所得税介绍*

个人所得税是对个人（自然人）取得的各项所得征收的一种所得税。个人所得税起征点是指国家为了完善税收体制，更好地进行税制改革，而制定的税收制度。目前个人所得税免征额拟调至5000元。

如图10-17所示为个税税率表，仅供参考。

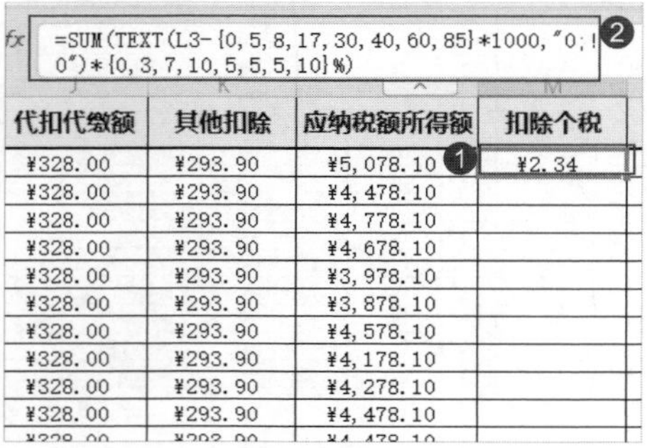

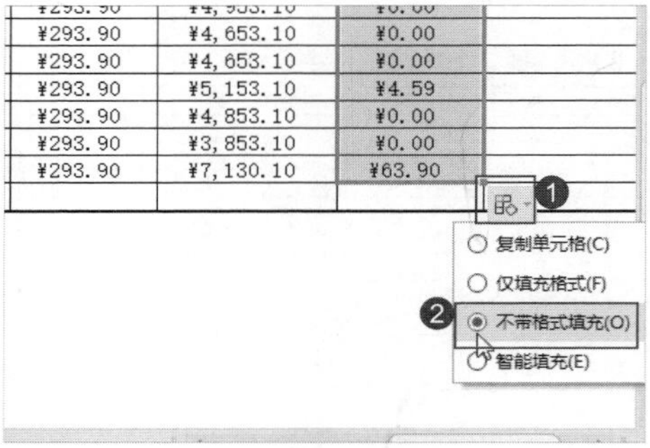

税前工资	税率
5000 元以下	0%
超过 5000 元至 8000 元	3%
超过 8000 元至 17000 元	10%
超过 17000 元至 30000 元	20%
超过 30000 元至 40000 元	25%
超过 40000 元至 60000 元	30%
超过 60000 元至 85000 元	35%
超过 85000 元以上	45%

图10-17

10.1.3　计算并处理实发工资

完成个税计算后就可以计算实发工资，如果需要将计算出的金额数据进行四舍五入，可以使用系统提供的ROUND()函数。

下面以在“2019年12月员工工资表”工作簿中计算实发工资并将实发工资数据进行四舍五入，保留到“角”（即保留一位小数）为例，进行具体介绍。

Step 01 ❶在工作表中选择N3:N38单元格区域，❷在编辑栏中输入“=ROUND(I3-M3,1)”公式，如图10-18所示。

Step 02 按【Ctrl+Enter】组合键结束公式的输入，并在选择的单元格中计算出每位员工对应的实发工资，如图10-19所示。

=ROUND(I3-J3-K3-M3,1) ❷

其他扣除	应纳税额所得额	扣除个税	实发工资 ❶
¥293.90	¥5,078.10	¥2.34	-K3-M3,1)
¥293.90	¥4,478.10	¥0.00	
¥293.90	¥4,778.10	¥0.00	
¥293.90	¥4,678.10	¥0.00	
¥293.90	¥3,978.10	¥0.00	
¥293.90	¥3,878.10	¥0.00	
¥293.90	¥4,578.10	¥0.00	
¥293.90	¥4,178.10	¥0.00	
¥293.90	¥4,278.10	¥0.00	
¥293.90	¥4,478.10	¥0.00	
¥293.90	¥4,478.10	¥0.00	
¥293.90	¥4,178.10	¥0.00	

图10-18

其他扣除	应纳税额所得额	扣除个税	实发工资
¥293.90	¥5,078.10	¥2.34	¥5,075.80
¥293.90	¥4,478.10	¥0.00	¥4,478.10
¥293.90	¥4,778.10	¥0.00	¥4,778.10
¥293.90	¥4,678.10	¥0.00	¥4,678.10
¥293.90	¥3,978.10	¥0.00	¥3,978.10
¥293.90	¥3,878.10	查看	¥3,878.10
¥293.90	¥4,578.10		¥4,578.10
¥293.90	¥4,178.10	¥0.00	¥4,178.10
¥293.90	¥4,278.10	¥0.00	¥4,278.10
¥293.90	¥4,478.10	¥0.00	¥4,478.10
¥293.90	¥4,478.10	¥0.00	¥4,478.10
¥293.90	¥4,178.10	¥0.00	¥4,178.10
¥293.90	¥5,478.10	¥14.34	¥5,463.80
¥293.90	¥5,178.10	¥5.34	¥5,172.80

图10-19

TIPS *ROUND()函数说明*

ROUND()函数是按指定的位数对数值进行四舍五入，语法是ROUND (number,num_digits)。如果参数num_digits大于0（零），则将数字四舍五入到指定的小数位；如果num_digits等于0，则将数字四舍五入到最接近的整数；如果num_digits小于0，则在小数点左侧前几位进行四舍五入。

10.1.4 计算员工当月的工资总额和平均工资

在WPS演示中，要计算公司员工的工资总额，通常是通过SUM()函数实现，而计算平均数，通常使用AVRRAGE()函数进行计算，计算方法十分简单。

下面以在"2019年12月员工工资表"工作簿中根据已经计算出的工资数据计算公司的总薪资和平均薪资为例，进行具体介绍。

Step 01 ❶选择F42:F43单元格区域，❷在"开始"选项卡"单元格格式：数字"组中单击"中文货币符号"按钮右侧的下拉按钮，❸选择"货币"选项，如图10-20所示。

Step 02 ❶选择F42单元格，❷在编辑栏中输入"=SUM"，❸在弹出的下拉菜单中双击"SUM"选项，如图10-21所示。

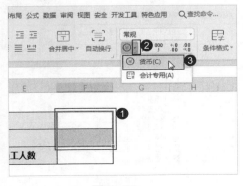

图10-20

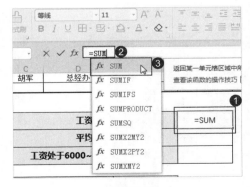

图10-21

Step 03 选择N3:N38单元格区域，编辑栏中会自动添加求和内容，按

【Ctrl+Enter】组合键即可，如图10-22所示。

Step 04 ❶选择F43单元格，❷单击"公式"选项卡下的"插入函数"按钮，如图10-23所示。

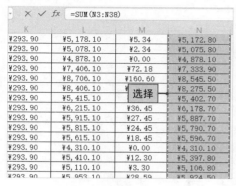

图10-22　　　　　　　　　　　　　图10-23

Step 05 在打开的"插入函数"对话框中的"选择函数"列表框中选择"AVERAGE"选项，单击"确定"按钮，如图10-24所示。

Step 06 在打开的"函数参数"对话框中单击"数值1"文本框右侧的▤按钮，进入数据选择状态，如图10-25所示。

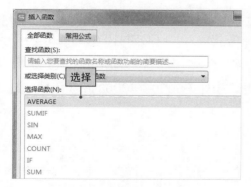

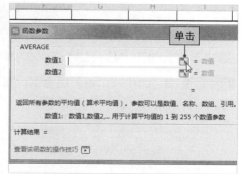

图10-24　　　　　　　　　　　　　图10-25

Step 07 ❶在工作表中选择N3:N38单元格区域，❷单击"函数参数"对话框中的▤按钮，展开对话框，如图10-26所示。

Step 08 在"函数参数"对话框中直接单击"确定"按钮即可计算平均值，在F43单元格中即可查看计算结果，如图10-27所示。

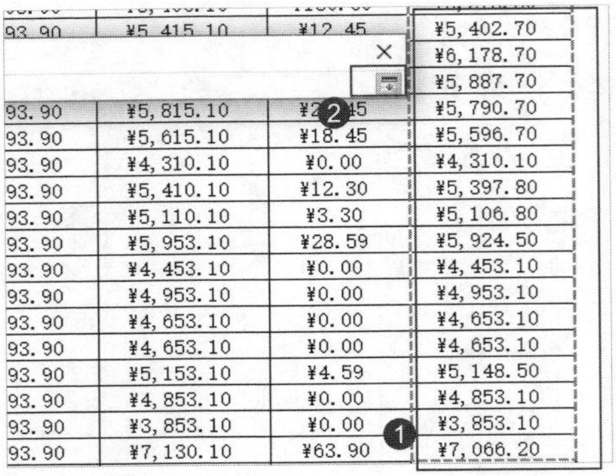

93.90	¥5,415.10	¥12.45	¥5,402.70
			¥6,178.70
			¥5,887.70
93.90	¥5,815.10	¥2?.45	¥5,790.70
93.90	¥5,615.10	¥18.45	¥5,596.70
93.90	¥4,310.10	¥0.00	¥4,310.10
93.90	¥5,410.10	¥12.30	¥5,397.80
93.90	¥5,110.10	¥3.30	¥5,106.80
93.90	¥5,953.10	¥28.59	¥5,924.50
93.90	¥4,453.10	¥0.00	¥4,453.10
93.90	¥4,953.10	¥0.00	¥4,953.10
93.90	¥4,653.10	¥0.00	¥4,653.10
93.90	¥4,653.10	¥0.00	¥4,653.10
93.90	¥5,153.10	¥4.59	¥5,148.50
93.90	¥4,853.10	¥0.00	¥4,853.10
93.90	¥3,853.10	¥0.00	¥3,853.10
93.90	¥7,130.10	¥63.90	¥7,066.20

图10-26

技术部	¥4,800.00	¥1,000.00	¥1,40
人力资源部	¥4,200.00	¥700.00	¥800
技术部	¥4,800.00	¥600.00	¥800
技术部	¥4,800.00	¥400.00	¥800
技术部	¥4,800.00	¥400.00	¥800
人力资源部	¥4,200.00	¥1,500.00	¥800
人力资源部	¥4,200.00	¥1,200.00	¥800
人力资源部	¥4,200.00	¥200.00	¥800
总经办	¥7,000.00	¥1,000.00	¥800

	查看
工资总额	¥187,009.30
平均工资	¥5,194.70
资处于6000~8000的员工人数	

图10-27

10.1.5　统计工资处于6000~8000的员工人数

在实际工作中统计某个范围内的数量是十分常用的，通常情况下，单一条件很容易计算，例如统计工资大于5000的员工人数。要统计一个范围的数据，则需要借助COUNTIF()函数。

下面以在"2019年12月员工工资表"工作簿中根据已经计算出的工资数据统计员工工资在6000~8000的员工人数为例，进行具体介绍。

Step 01 ❶选择F44单元格，❷在编辑栏中直接输入 "=COUNTIF(N3:N38,">=6000")-COUNTIF(N3:N38,">8000")&"人"" 公式，如图10-28所示。

Step 02 按【Ctrl+Enter】组合键计算出工资处于6000~8000的员工人数，如图10-29所示。

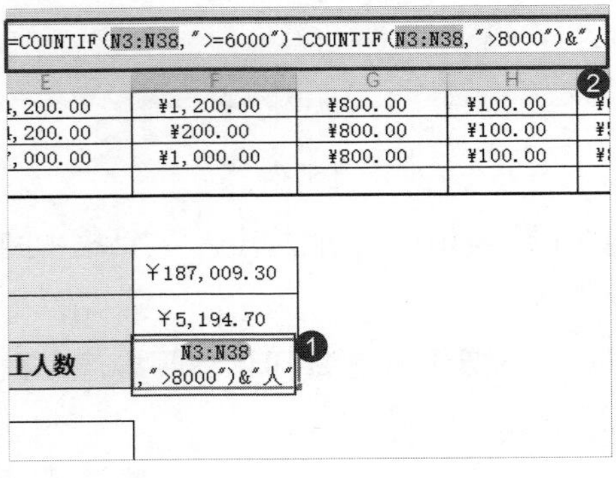

图10-28

图10-29

在本案例中"=COUNTIF(N3:N38,">=6000")"公式表示统计N3:N38单元格区域内大于等于6000的个数。"COUNTIF(N3:N38,">8000")"公式表示统计N3:N38单元格区域内大于8000的个数，"&"人""表示在输出结果之后加上"人"，因此"=COUNTIF(N3:N38,">=6000")-COUNTIF(N3:N38,">8000")&"人""表示的是求≥6000且≤8000的工资总个数。

TIPS *使用SUMIF()函数或SUMPRODUCT()函数进行统计*

使用SUMIF()函数可以对报表范围中符合指定条件的值求和，SUMIF()函数的语法是：=SUMIF(range,criteria,sum_range)。SUMIF()函数的第一个参数range为条件区域，用于条件判断的单元格区域；第二个参数criteria是求和条件，由数字、逻辑表达式等组成的判定条件；第三个参数sum_range为实际求和区域，即需要求和的单元格、区域或引用。

SUMPRODUCT()函数是在给定的几组数组中，将数组间对应的元素相乘，并返回乘积之和。其语法结构为：SUMPRODUCT(array1,[array2],[array3], ...)。参数array1为必需参数。其相应元素需要进行相乘并求和的第一个数组参数。array2, array3,...（可选）。2到255个数组参数，其相应元素需要进行相乘并求和。数组参数必须具有相同的维数，否则，SUMPRODUCT()函数将返回错误值#VALUE!。

例如，在本例中使用SUMPRODUCT()函数进行计算，具体的计算公式为"=SUMPRODUCT((N3:N38>=6000)*(N3:N38<=8000))&"人""，通过该公式同样可以进行统计，如图10-30所示。

图10-30

10.1.6 按员工的编号查询员工的对应工资情况

如果要返回或查询数据表或当前数据范围中指定位置的数据，例如根据工作表中的员工编号，查找对应的员工信息和工资数据，此时就可以使用系统提供的VLOOKUP()函数。

下面以在"2019年12月员工工资表"工作簿中根据已经需要查询工资数据的员工账号查询其具体工资数据为例，进行具体介绍。

Step 01 ❶选择F46单元格，❷单击"数据"选项卡下的"有效性"下拉按钮，❸选择"有效性"命令，❹在打开的"数据有效性"对话框中的"设置"选项卡中的"允许"下拉列表框中选择"序列"选项，❺单击"来源"文本框右侧的按钮，如图10-31所示。

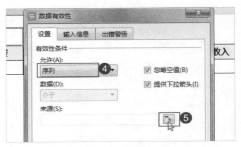

图10-31

Step 02 ❶折叠对话框后进入选择状态，选择B3:B38单元格区域，❷单击"数据有效性"对话框中右侧的按钮，❸展开"数据有效性"对话框后，切换到"出错警告"选项卡，❹在"错误信息"文本框中输入"请从下拉列表中选择要查询的员工编号！"，单击"确定"按钮即可，如图10-32所示。

图10-32

Step 03 ❶选择C48单元格，❷在编辑栏中输入 "=IF($E$46="","",VLOOKUP($E$46,$B$3:$N$38,COLUMN()-1))" 公式，按【Ctrl+Enter】组合键即可，如图10-33所示。

Step 04 将C48单元格向右填充到N48单元格，❶单击"自动填充选项"按钮，❷选中"不带格式填充"单选按钮，如图10-34所示。

图10-33

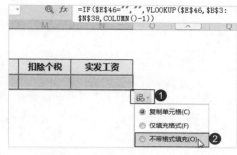

图10-34

Step 05 ❶选择E46单元格，❷单击其右下角的下拉按钮，❸选择要查询的员工编号选项，这里选择"GT00036"选项，❹即可在C48:N48单元格中查看到该编号对应员工的工资数据，如图10-35所示。

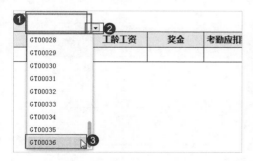

图10-35

VLOOKUP()函数的语法结构为：VLOOKUP(lookup_value,table_array,col_index_num,range_lookup)。lookup_value表示要查找的值；table_array表示要查找的区域；col_index_num表示返回数据在查找区域的第几列数；range_lookup用于指定模糊匹配/精确匹配（可不填，默认为TRUE）。

IF()函数主要用于逻辑判断，其语法结构为：IF(logical_test,value_if_true,value_if_false)。logical_test表示计算结果为TRUE或FALSE的任意值或表达式；value_if_true表示logical_test为TRUE时返回的值；value_if_false表

示logical_test为FALSE时返回的值。

本例中的函数首先使用IF()函数判断E46单元格是否为空，不为空才进行查询，否则返回空值。E46单元格中的值是要查找的值；$B$3:$N$38为要查找的数据源区域；COLUMN()-1为要查找的序列数，其中，"COLUMN()"可以用来获取当前单元格在第几列，由于表格是从B列开始的，前面有一列空白单元格，因此是"COLUMN()-1"。

TIPS 单元格的相对引用与绝对引用

通常情况下使用的是单元格相对引用，WPS表格默认的也是相对引用。公式中使用了相对引用，当公式所在单元格的位置改变，引用也随之改变。如果多行或多列地复制公式，引用会自动调整。在上述案例中如果使用相对引用，将公式从C48填充到D48单元格时，单元格引用全部向右移动了一个单元格，如图10-36所示。绝对引用，就是在行号和列标前加上"$"符号，单元格中的绝对引用则不会因为单元格位置改变而改变，其效果如图10-37所示。

除了这两种引用方式外还有混合引用，混合引用中既包含绝对引用，又包含相对引用，单元格位置发生变化，只有相对引用部分会发生变化。

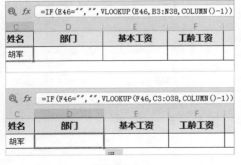

图10-36

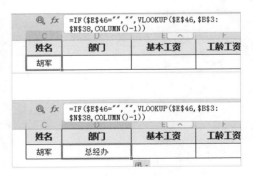

图10-37

10.1.7　使用定位条件制作员工工资条

计算完员工的工资数据后，应该将每位员工的工资打印出来，然后由本人确认，无误后再给员工发放相应的工资。

为了确保工资明细的数据源不被篡改，制作工资条时，应先建立一个副本，然后通过定位条件为每条数据添加表头，下面进行具体介绍。

Step 01 ❶在工作表标签上右击，❷在弹出的快捷菜单中选择"移动或复制工作表"命令，❸在打开的"移动或复制工作表"对话框中选择"（移至最后）"选项，❹选中"建立副本"复选框，❺单击"确定"按钮，如图10-38所示。最后将其重命名为"12月工资条"。

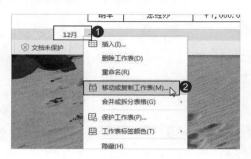

图10-38

Step 02 删除42~48行单元格，在工资表中的空白单元格中输入"0"，在O3和P4单元格中分别输入1，选择O3:P4单元格区域，双击右下角的控制柄进行填充，如图10-39所示。

Step 03 保持单元格的选择状态，❶单击"开始"选项卡下的"查找"下拉按钮，❷选择"定位"命令，如图10-40所示。

图10-39　　　　　　　　　　　图10-40

Step 04 ❶在打开的"定位"对话框中的"定位"选项卡中选中"空值"单选按钮，❷单击"定位"按钮即可定位空值，如图10-41所示。

Step 05 按住【Ctrl】键不放，单击P3单元格，取消选择P3单元格，❶单击"开始"选项卡中的"行和列"下拉按钮，❷选择"插入单元格/插入行"命令，如图10-42所示。

图10-41　　　　　　　　　　　图10-42

Step 06 ❶选择B2:N2单元格区域，❷单击"开始"选项卡下的"复制"按钮复制表头，如图10-43所示。

Step 07 ❶选择B2:N73单元格区域，打开"定位"对话框，❷选中"空值"单选按钮，❸单击"定位"按钮，如图10-44所示。

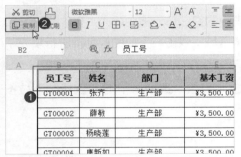

图10-43

图10-44

Step 08 ❶单击"开始"选项卡下的"粘贴"按钮下方的下拉按钮，❷在弹出的下拉菜单中选择"保留源格式"命令，删除表格右侧添加的辅助序列即可完成工资条的制作，如图10-45所示。

员工号	姓名	部门	基本工资	
GT00001	张齐	生产部	¥3,500.00	¥1
员工号	姓名	部门	基本工资	
GT00002	薛敏	生产部	¥3,500.00	¥
员工号	姓名	部门	基本工资	
GT00003	杨晓莲	生产部	¥3,500.00	¥
员工号	姓名	部门	基本工资	
GT00004	康新如	生产部	¥3,500.00	¥
员工号	姓名	部门	基本工资	
GT00005	钟莹	生产部	¥3,500.00	¥
员工号	姓名	部门	基本工资	

图10-45

TIPS　*"移动或复制工作表"对话框说明*

在"移动或复制工作表"对话框中，"工作簿"下拉列表框用于设置工作表需要移动或复制到的目标工作簿；"下列选定工作表之前"列表框用于设置移动或复制的工作表在目标工作簿中的位置；"建立副本"复选框主要用于设置是否进行复制操作，如果选中该复选框，则表示复制工作表，如果取消选中，则表示移动工作表。

10.2　排序产品销售明细

产品销售情况是否良好对企业来说十分重要，通过产品销售明细，管理者可以了解到公司的经营状况，从而有针对性地对经营方案进行调整。因此产品销售明细表对企业来说十分重要。

素材文件	◎素材\Chapter 10\2019年2月下半月产品销售明细.xlsx
效果文件	◎效果\Chapter 10\2019年2月下半月产品销售明细.xlsx

10.2.1　按产品销售金额进行单条件排序

单条件排序是指表格中的数据按照某一列数据的某一种性质进行排序，排序后除表头以外的其他表格数据都将以该列为依据进行升序或降序排序，从而实现单条件排序。

下面以在"2019年2月下半月产品销售明细"工作簿中根据产品的销售金额进行升序排序为例，进行具体介绍。

Step 01 ❶打开"2019年2月下半月产品销售明细"素材文件，❷在"2月"工作表中选择销售金额列的任意数据单元格，如图10-46所示。

Step 02 ❶单击"数据"选项卡，❷单击其中的"升序"按钮即可按销售金额列数据的升序排列表格数据，如图10-47所示。

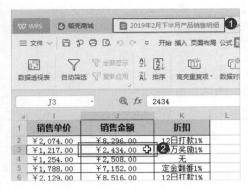

图10-46

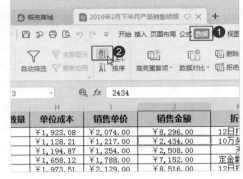

图10-47

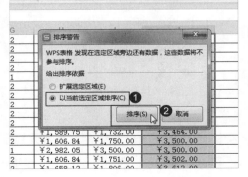

图10-48

10.2.2　按多个条件进行排序

多个条件进行排序指数据可以按照多个限定条件或不同的分类依据进行排序。这种排序可以解决使用一个条件排序后存在重复排序数据的情况。

下面以在"2019年2月下半月产品销售明细"工作簿中先按日期数据进行排序，当出现相同的日期数据时，则按照客户编号进行升序处理为例，进行具体介绍。

Step 01 ❶在工作表中选择任意数据单元格，❷单击"数据"选项卡中的"排序"按钮，如图10-49所示。

Step 02 ❶在打开的排序对话框中的"主要关键字"栏中单击"列"下拉列表框，❷选择"日期"选项，如图10-50所示。

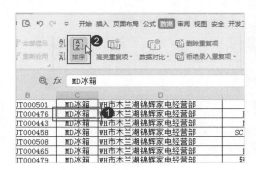

图10-49

图10-50

Step 03 ❶单击"排序"对话框中的"添加条件"按钮，❷单击"次要关键字"栏中的"列"下拉列表框，❸选择"单据编号"选项，单击"确定"按钮，如图10-51所示。

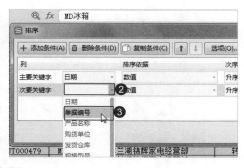

图10-51

TIPS 复制和删除设置的条件

在"排序"对话框中可以通过"添加条件"按钮添加多个次要关键字。如果要添加的规则与已有的规则基本相同，也可以选择已有的规则，单击"复制条件"按钮，再改变复制条件的排列规则即可。

添加了多个排序规则后，排序时将先按照前面的规则进行排序，再按后面的规则进行排序。如果用户添加了不需要的规则，可以选择该条件选项，单击"删除条件"按钮将其删除。

10.2.3 对发货仓库进行自定义排序

在对表格数据进行排序时，程序默认情况下只能按数字大小或汉字首字母拼音的先后顺序进行排序，如果需要按照某种特定的顺序进行排序，如按学历高低、职位大小等，此时用户可以自定义一个序列进行排序，再进行排序。

下面以在"2019年2月下半月产品销售明细"工作簿中按仓库的"总仓→转运仓库→HB分仓→BJ总仓→MD仓库→SC临时仓库"顺序排序整个工作表为例，进行具体介绍。

Step 01 ❶在工作表中选择任意数据单元格，❷单击"开始"选项卡中的"排序"按钮下的下拉按钮，❸选择"自定义排序"命令，如图10-52所示。

Step 02 ❶在打开的排序对话框中的"主要关键字"栏中单击"列"下拉列表框，❷选择"发货仓库"选项，如图10-53所示。

图10-52   图10-53

Step 03 ❶单击"主要关键字"栏中的"次序"下拉列表框，❷选择"自定义序列"选项，如图10-54所示。

Step 04 ❶在打开的"自定义序列"对话框中自动选择"新序列"选项，❷在"输入序列"列表框中输入对应的序列数据，如图10-55所示。

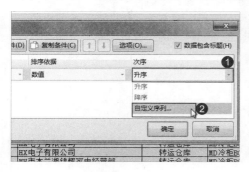

图10-54

图10-55

TIPS 输入自定义序列的注意事项

　　在"输入序列"列表框中输入序列时，序列必须用半角逗号（在英文状态下输入）隔开，如果是在中文状态下输入全角的逗号，则系统会将所有的数据识别为一个选项。除此之外，通过按【Enter】键也可以对多个序列进行分隔。

Step 05 ❶单击下方的"添加"按钮，将序列添加到左侧的"自定义序列"列表框，❷单击"确定"按钮即可，如图10-56所示。

Step 06 ❶在返回的对话框中选择自定义序列的顺序，❷单击"确定"按钮即可应用自定义序列，如图10-57所示。

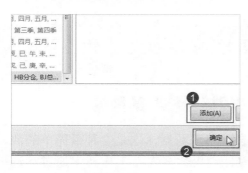

图10-56

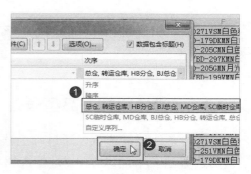

图10-57

TIPS 通过导入序列添加自定义序列

　　导入数据添加自定义序列是指将工作表中的某一组数据通过引用的方式，将其导入到自定义序列中，具体操作方法是：❶单击"文件"按钮，❷在弹出的下拉菜单中选择"选项"命令，在打开的"选项"对话框中单击"自定义序列"选项卡，❸在"从单元格导入序列"文本框中输入单元格地址，或选择单元格区域，❹单击"导入"按钮即可将指定序列导入到"自定义序列"列表框中，如图10-58所示。

图10-58

10.3　在销售统计表中进行筛选

　　为了对公司的销售情况有一定的了解，公司销售部门相关人员会统计整个销售部门的销售情况，方便管理人员了解各种产品的销售情况和各个销售人员的业绩情况，从而帮助管理者对销售任务进行调整。

素材文件	◎素材\Chapter 10\7月份金属零件销售数据表.xlsx
效果文件	◎效果\Chapter 10\7月份金属零件销售数据表.xlsx

10.3.1　筛选所有产品型号为"国标丝杆"的数据

　　单一条件的筛选可以通过筛选器自动筛选数据，这是一种最简单的数据筛选方法。下面以在"7月份金属零件销售数据表"工作簿中通过筛选器快速筛选出产品型号为"国标丝杆"的数据为例，进行具体介绍。

Step 01 ❶打开"7月份金属零件销售数据表"素材文件，❷在"7月"工作表中选择任意数据单元格，❸单击"数据"选项卡中的"自动筛选"按钮，进入筛选状态，如图10-59所示。

Step 02 ❶单击F1单元格右下角的下拉按钮，❷在打开的筛选器面板中取消选中"（全选|反选）"复选框，❸选中"国标丝杆"复选框，单击"确定"按钮，即可将所有产品型号为"国标丝杆"的数据筛选出来，如图10-60所示。

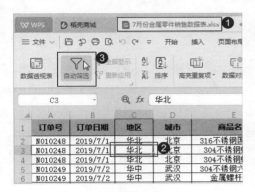

图10-59

图10-60

TIPS 通过快捷键快速切换筛选状态

在WPS表格中，选择数据单元格或数据区域后，按【Ctrl+Shift+L】组合键可快速进入筛选状态，再次按【Ctrl+Shift+L】组合键可退出当前筛选状态。

10.3.2　筛选指定日期范围的数据

对于单边的日期范围，例如在某个日期之前、某个日期之后等，这种情况即是单个条件的数据筛选，直接使用"日期筛选"菜单中的"之前"或"之后"命令设置筛选条件即可。

而对于某个时间段（介于两个时间之间），直接使用"日期筛选"菜单中的"介于"命令。下面具体介绍筛选出2019年7月10～20日的销售信息为例，进行具体介绍。

Step 01 ❶选择数据表的数据区域或任意数据单元格，按【Ctrl+Shift+L】组合键进入筛选状态，单击"订单日期"下拉按钮，❷在打开的筛选器面板中单击"日期筛选"按钮，如图10-61所示。

Step 02 在弹出的下拉菜单中选择"介于"命令，如图10-62所示。

图10-61

图10-62

Step 03 ❶在打开的"自定义自动筛选方式"对话框中单击"在以下日期之后或与之相同"下拉列表框右侧的下拉按钮，❷选择"2019/7/10"选项，如图10-63所示。

Step 04 ❶选中"与"单选按钮，单击下方的下拉按钮，❸在弹出的下拉列表中选择"2019/7/20"选项，单击"确定"按钮，如图10-64所示。

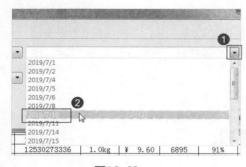

图10-63

图10-64

TIPS 「"与"和"或"条件的应用」

在"自定义自动筛选方式"对话框中利用"与"和"或"单选按钮可以完成两个筛选条件的设置。其中，"与"单选按钮表示两个条件要同时满足，"或"单选按钮表示满足任意一个条件即可。

10.3.3　筛选下半月华中地区金额大于等于4000的数据

当要求筛选出同时满足两个及两个以上条件的数据时，通过自定义筛选的方法可能难以达到要求，此时就需要使用高级筛选方法了。

下面以在"7月份金属零件销售数据表"工作簿中筛选出下半月华中地区金额大于等于4000的数据为例，进行具体介绍。

Step 01 在E108:G110单元格区域中创建"筛选条件"表格，并为表格设置对应的字体格式和外观格式，如图10-65所示。

Step 02 在E110:G110单元格中分别输入"＞＝2019/7/15""='华中'""＞=4000"，如图10-66所示。

图10-65　　　　　　　　　　　　　　　图10-66

Step 03 ❶选择数据表中的任意数据单元格，❷单击"开始"选项卡下的"筛选"按钮下方的下拉按钮，❸选择"高级筛选"命令，如图10-67所示。

Step 04 ❶在打开的"高级筛选"对话框中选中"将筛选结果复制到其他位置"单选按钮，❷将文本插入点定位到"条件区域"文本框中，如图10-68所示。

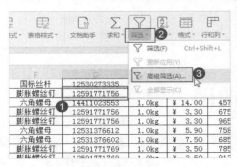

图10-67　　　　　　　　　　　　　　　图10-68

Step 05 直接拖动鼠标光标在工作表中选择E109:G110单元格区域，程序会自动将选择的单元格区域添加到"条件区域"文本框中，如图10-69所示。

Step 06 ❶将文本插入点定位到"复制到"文本框中，选择A113单元格，完成筛选结果保存位置设置，❷单击"确定"按钮，如图10-70所示。

图10-69

图10-70

Step 07 在工作表中即可查看到筛选出的所有数据，如图10-71所示。

订单日期	地区	城市	商品名称	商品类型	商品编号	商品毛重	单价	数量	折扣	金额
2019/7/15	华中	洛阳	304不锈钢膨胀螺丝钉	膨胀螺丝钉	12591771769	1.0kg	¥ 3.50	7541	0%	¥ 26,393.50
2019/7/15	华中	洛阳	304不锈钢六角螺母	六角螺母	12531369199	1.0kg	¥ 3.30	8014	95%	¥ 25,123.89
2019/7/15	华中	洛阳	304不锈钢六角螺母	六角螺母	12531369199	1.0kg	¥ 3.30	6758	0%	¥ 22,301.40
2019/7/21	华中	开封	316不锈钢六角螺母	六角螺母	12531376602	1.0kg	¥ 7.50	2356	0%	¥ 17,670.00
2019/7/21	华中	开封	金属螺杆轴承	轴承	49375069288	100.00g	¥ 15.58	786	0%	¥ 12,245.88
2019/7/21	华中	开封	304不锈钢螺纹套	螺纹套	11144247325	200.00g	¥ 0.24	168000	79%	¥ 31,852.80
2019/7/21	华中	长沙	316不锈钢国际丝杆	六角螺母	14411023553	1.0kg	¥ 14.00	3986	90%	¥ 50,223.60
2019/7/21	华中	长沙	304不锈钢国际丝杆	国际丝杆	12530273334	1.0kg	¥ 7.10	9832	0%	¥ 69,807.20
2019/7/21	华中	长沙	304不锈钢膨胀螺丝钉	膨胀螺丝钉	12591771760	1.0kg	¥ 2.80	12000	77%	¥ 25,872.00
2019/7/31	华中	怀化	金属螺杆轴承	轴承	49375069288	100.00g	¥ 15.58	685	0%	¥ 10,672.30
2019/7/31	华中	怀化	304不锈钢国际丝杆	国际丝杆	12530273334	1.0kg	¥ 7.10	7856	0%	¥ 55,777.60
2019/7/31	华中	荆州	316不锈钢六角螺母	六角螺母	12531376602	1.0kg	¥ 7.50	864	75%	¥ 4,860.00
2019/7/31	华中	荆州	304不锈钢螺纹套	螺纹套	11144247317	200.00g	¥ 0.18	67500	0%	¥ 12,150.00
2019/7/31	华中	荆州	金属螺杆轴承	轴承	49375069281	100.00g	¥ 15.58	681	0%	¥ 10,609.98

图10-71

TIPS 将高级筛选结果保存到其他位置

在WPS表格中，要将高级筛选结果保存到其他的工作表，只需要在"高级筛选"对话框中单击 按钮，选择目标工作表中的储存单元格，单击"确定"按钮即可。

10.4 分析公司的固定资产情况

固定资产对于一个企业来说十分重要，公司需要注意对公司的固定资产进行管理。要分析公司的固定资产情况，首先需要对公司的固定资产情况进行记录。

素材文件	◎素材\Chapter 10\固定资产清单.xlsx
效果文件	◎效果\Chapter 10\固定资产清单.xlsx

10.4.1　按类别和存放地点汇总预计净残值

分类汇总可以在按某一列进行分类的同时对该列中的数据进行求和、计数等运算。按多个字段创建分类汇总指的是在表格中根据多个分类字段创建多个分类汇总。

下面以在"固定资产清单"工作簿中按类别和存放地点汇总预计净残值为例,进行具体介绍。

Step 01 ❶打开"固定资产清单"素材文件,❷选择任意数据单元格,❸单击"数据"选项卡下的"分类汇总"按钮,如图10-72所示。

Step 02 ❶在打开的"分类汇总"对话框中单击"分类字段"下拉列表框,❷选择"类别"选项,如图10-73所示。

图10-72

图10-73

Step 03 ❶单击"汇总方式"下拉列表框,❷选择"求和"选项,如图10-74所示。

Step 04 ❶在"选定汇总项"列表框中仅选中"预计净残值"复选框,❷单击"确定"按钮,如图10-75所示。

图10-74	图10-75

Step 05 ❶再次打开"分类汇总"对话框，单击"分类字段"下拉列表框，❷选择"存放地点"选项，如图10-76所示。

Step 06 ❶选中"预计净残值"复选框，❷取消选中"替换当前分类汇总"复选框，❸单击"确定"按钮创建分类汇总，如图10-77所示。

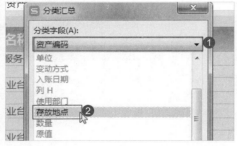

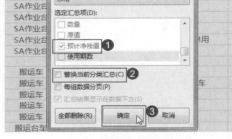

图10-76	图10-77

TIPS *按多个分类字段创建分类汇总说明*

默认情况下，"替换当前分类汇总"复选框为选中状态，这时无论创建多少个分类汇总，先创建的分类汇总总是会被后创建的分类汇总所覆盖。如果要保留多个分类汇总，就必须取消选中该复选框。

10.4.2　查看分类汇总明细数据

对表格进行分类汇总后，根据显示数据的详细情况将汇总结果分为多

个级别，如果要分别查看各级的明细数据，可以通过窗格或者单击按钮来
实现。

　　下面以在"固定资产清单"工作簿中分级查看分类汇总数据为例，进
行具体介绍。

Step 01　❶选择要隐藏的数据单元格，❷单击"数据"选项卡"分级显示"组中
的"隐藏明细数据"按钮即可，如图10-78所示。

Step 02　保持单元格的选择状态，单击"显示明细数据"按钮即可显示出被隐藏
的数据，如图10-79所示。

图10-78

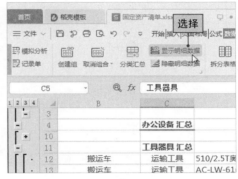

图10-79

Step 03　单击"分类汇总"任务窗格中的 3 按钮，此时程序将自动显示3级分类
汇总，即只显示所有汇总行数据，如图10-80所示。

Step 04　单击任务窗格中的某明细小组前的 + 按钮，程序将自动显示该组数据的
明细数据，并且 + 按钮变为 - 按钮，如图10-81所示。

图10-80

图10-81

Step 05 单击任务窗格中的某明细小组前的 **−** 按钮，程序将自动隐藏该组数据的明细数据，并且 **−** 按钮变为 **+** 按钮，如图10-82所示。

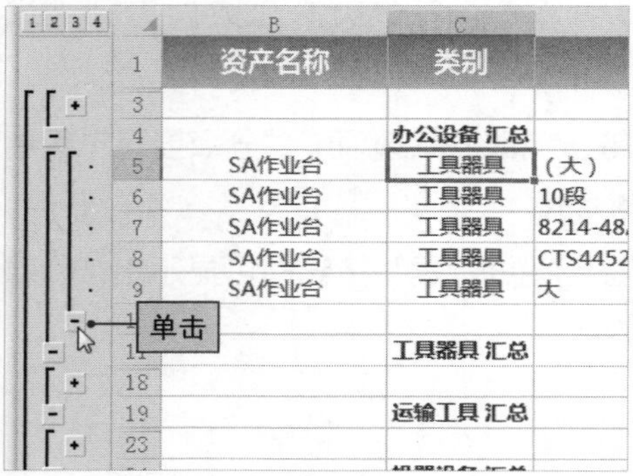

图10-82

TIPS │汇总级别简介│

如果只创建一个分类汇总，则程序会生成3个汇总级别，级别3显示的数据最为详细，级别2显示汇总字段的汇总数据，级别1只显示所有汇总关键字的汇总数据。

第11章
运用图表与透视功能
分析数据

　　WPS表格拥有十分强大的数据分析功能，用户可以借助各种
分析功能对单一的表格数据进行分析，可以帮助用户在得到多样
化的数据展示方式的同时，也让数据分析也更加高效。

内容思维导图

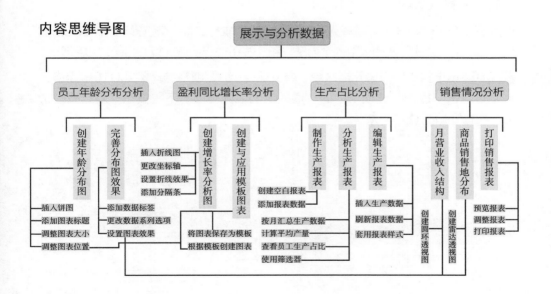

11.1 公司员工年龄分布分析

不同的企业，其内部员工年龄结构也有所不同，企业管理者想要详细了解企业的年龄结构，就需要对员工年龄进行统计和分析。一方面可以帮助调整企业的年龄结构，让企业更健康地发展；另一方面，通过年龄分析，可以帮助管理者提前预测企业的员工招聘方向。

素材文件	◎素材\Chapter 11\公司各年龄段人数统计与分析.xlsx
效果文件	◎效果\Chapter 11\公司各年龄段人数统计与分析.xlsx

11.1.1 创建饼图并添加图表标题

在WPS表格中，要对数据进行分析，使用图表是一个很好的选择。首先创建一个完整的图表，其中包含图表数据、图表标题以及图例等信息。下面以在"公司各年龄段人数统计与分析"素材文件中创建一个分析企业不同年龄段人数的饼图为例，进行具体介绍。

Step 01 打开"公司各年龄段人数统计与分析"素材文件，❶选择B3:H9单元格区域，❷单击"公式"选项卡下的"自动求和"按钮进行快速计算，如图11-1所示。

Step 02 ❶选择B2:H2单元格区域，❷按住【Ctrl】键，选择B10:H10单元格区域，❸单击"插入"选项卡中的"插入饼图或圆环图"下拉按钮，❹选择"饼图"选项，如图11-2所示。

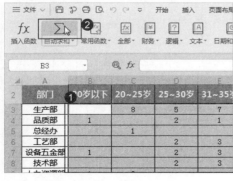

图11-1

图11-2

Step 03 在创建的图表中选择图表标题文本框中的文本，按【Delete】键进行删

除，在文本框中重新输入标题文本"公司各年龄段人数统计与分析"，如图11-3
所示。

Step 04 ❶选择图表标题文本框，❷在"开始"选项卡"字体"组中设置字体格
式为"微软雅黑，16，加粗，下划线"，如图11-4所示。

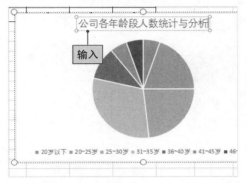

图11-3

图11-4

TIPS 关于图表标题的说明

　　默认情况下，只有一列数据时，程序自动以该列数据的系列作为图表标
题，数据系列有多列时，创建的图表只有图表标题占位符，需要用户自定义标
题内容。

11.1.2　调整饼图的大小和位置

　　图表创建完成后，其大小和位置可能并不符合用户的实际需要，此时
需要用户对其大小和位置进行调整。

　　下面以在"公司各年龄段人数统计与分析"素材文件中将创建的饼图
移动到数据表格的下方并调整表格大小为例，进行具体介绍。

Step 01 将鼠标光标移动到新创建的图表上，当鼠标光标变为形状时，按下鼠
标左键不放将其拖动到表格的下方，如图11-5所示。

Step 02 ❶选择图表，❷单击"绘图工具"选项卡，在"大小和位置"组中
的"高度"和"宽度"数值框中分别输入"9.00厘米"和"15.00厘米"，如
图11-6所示。

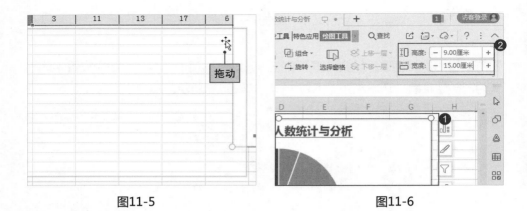

图11-5   图11-6

TIPS *其他方法调整图表的大小*

　　除了前面介绍的通过"绘图工具"选项卡对图表的大小进行精确设置外，还可以手动进行调整。将鼠标光标移动到图表边缘的控制点上，当鼠标光标变为双向箭头时，按下鼠标左键进行拖动即可手动调整。

11.1.3　为饼图添加数据标签

　　在WPS表格中，如果现有的图表元素不能帮助用户展示数据分析情况，用户还可以添加其他图表元素，例如数据标签、数据表、图例、趋势线以及涨跌线等。

　　下面以在"公司各年龄段人数统计与分析"素材文件中为图表添加数据标签，并对数据标签进行设置为例，进行具体介绍。

Step 01 ❶选择图表，❷单击"图表工具"选项卡中的"添加元素"下拉按钮，❸在弹出的下拉菜单中选择"数据标签"命令，❹在其子菜单中选择"数据标签外"命令，如图11-7所示。

Step 02 ❶在图表中单击新添加的任意数据标签，即可选择所有数据标签，❷单击鼠标右键，在弹出的快捷菜单中选择"设置数据标签格式"命令打开"属性"窗格，如图11-8所示。

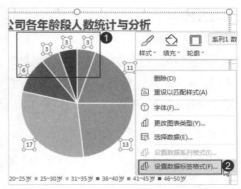

图11-7   图11-8

Step 03 ❶在"标签选项"选项卡中的"标签"选项卡中展开"标签选项"选项，❷在"标签包括"栏中取消选中"系列名称"复选框，❸选中"百分比"复选框，❹取消选中"值"复选框，如图11-9所示。

Step 04 ❶单击"分隔符"下拉列表框右侧的下拉按钮，❷在弹出的下拉列表中选择"（分行符）"选项完成数据标签的设置，如图11-10所示。

图11-9   图11-10

11.1.4 设置图表样式并完善图表

为图表添加了数据标签后，数据的展示更加清晰。除此之外，更改数据系列的显示格式，可以让图表信息展示更明确。

下面以在"公司各年龄段人数统计与分析"素材文件中为图表设置第一扇区起始角度、饼图分离程度并对图表的内容进行完善为例，进行具体介绍。

Step 01 ❶选择图表中的数据系列，单击鼠标右键，❷选择"设置数据系列格式"命令，如图11-11所示。

Step 02 ❶在打开的窗格中的"系列"选项卡中的"第一扇区起始角度"数值框中输入"90°"，❷在"饼图分离程度"数值框中输入"8%"，单击"关闭"按钮，如图11-12所示。

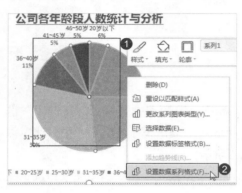

图11-11

图11-12

Step 03 ❶选择图表，❷在"图表工具"选项卡中单击"添加元素"下拉按钮，❸在弹出的下拉菜单中选择"图例/无"命令，如图11-13所示。

Step 04 分别选择图表中的数据标签，按下鼠标左键不放进行拖动，将其调整到合适的位置进行布局，如图11-14所示。

图11-13

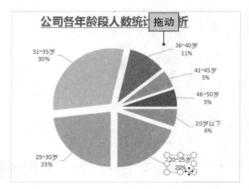

图11-14

Step 05 ❶选择图表中的数据系列，❷在"绘图工具"选项卡"设置形状格式"组中单击"形状效果"下拉按钮，❸在弹出的下拉菜单中选择"阴影/内部左上角"命令,如图11-15所示。

Step 06 保持数据系列的选择状态,❶在"绘图工具"选项卡"设置形状格式"组中单击"形状效果"下拉按钮,❷选择"柔化边缘/2.5磅"命令,如图11-16所示。

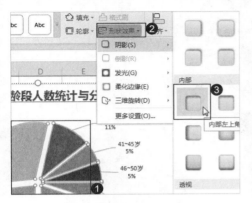

图11-15

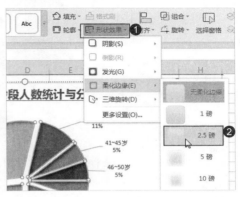

图11-16

Step 07 保持数据系列的选择状态,❶在"绘图工具"选项卡"设置形状格式"组中单击"轮廓"按钮右侧的下拉按钮,❷选择"无轮廓"选项,如图11-17所示。

Step 08 ❶选择所有的数据标签,❷在"文本工具"选项卡中设置字体格式为"微软雅黑,10,倾斜",如图11-18所示。

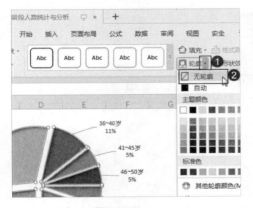

图11-17

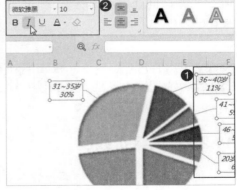

图11-18

Step 09 完成以上所有设置后可以在工作表中查看公司具体的人员年龄分布情况,如图11-19所示。

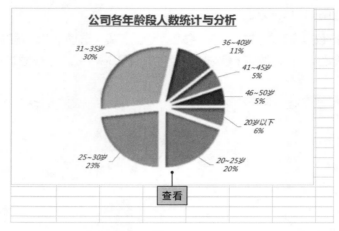

图11-19

11.2 公司盈利同比增长率分析

同比增长率一般是指和去年同期相比的盈利增长情况。同比的时间包括上一时期、上一年度或历史相比的增长（幅度）。某个指标的同期比=（当年的某个指标的值-去年同期这个指标的值）/去年同期这个指标的值。（即：同比增长率=（当年的指标值-去年同期的值）÷去年同期的值×100%）。

素材文件	◎素材\Chapter 11\公司盈利同比增长率分析.xlsx
效果文件	◎效果\Chapter 11\公司盈利同比增长率分析.xlsx

11.2.1 创建折线图

折线图是分析数据趋势最常见的图表类型，该图表是通过折线的形式来表现数据的变化趋势。下面以在"公司盈利同比增长率分析"工作簿中根据已有的数据创建折线图为例进行具体介绍。

Step 01 打开"公司盈利同比增长率分析"素材文件，❶选择B2:B14单元格区域，❷按住【Ctrl】键不放，选择D2:D14单元格区域，❸单击"插入"选项卡下的"图表"按钮，如图11-20所示。

Step 02 ❶在打开的"插入图表"对话框中单击左侧的"折线图"选项卡，❷双击右侧的"折线图"选项，即可创建折线图，如图11-21所示。

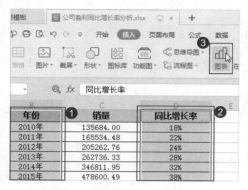

图11-20

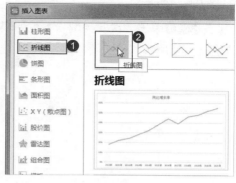

图11-21

11.2.2　设置坐标轴刻度线

为了更好地让图表数据与坐标轴相对应，可以为坐标轴添加相应的坐标轴刻度。下面以为横纵坐标轴分别设置坐标轴刻度为例进行具体介绍。

Step 01 将插入的图表调整为合适的大小，并移动到合适的位置，❶选择创建的图表，❷在"图表工具"选项卡中的样式栏中选择"样式12"选项即可快速套用图表样式，如图11-22所示。

Step 02 ❶选择图表的纵坐标轴，单击鼠标右键，❷在弹出的快捷菜单中选择"设置坐标轴格式"命令，如图11-23所示。

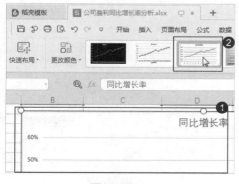

图11-22

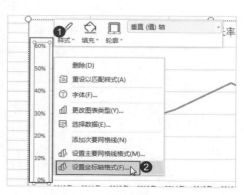

图11-23

Step 03 ❶在打开的窗格中的"坐标轴选项"选项卡的"坐标轴"选项卡中展开"刻度线标记"选项，❷单击"主要类型"下拉列表框，❸选择"交叉"选项，如图11-24所示。

Step 04 ❶单击"次要类型"下拉列表框，❷在下拉列表中选择"内部"选项，如图11-25所示。

图11-24

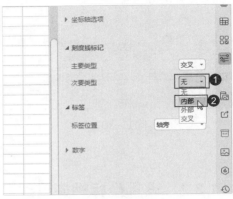

图11-25

Step 05 ❶选择图表的横坐标轴，❷单击"主要类型"下拉列表框，❸选择"内部"选项，如图11-26所示。

Step 06 ❶单击"填充与线条"选项卡，展开"线条"栏，❷设置线条颜色为"黑色，文字1"，❸设置宽度为"1.25磅"，如图11-27所示。以同样的方法设置纵坐标轴的刻度线的填充样式。

图11-26

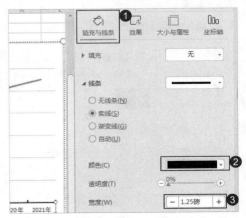

图11-27

11.2.3　更改数据点格式让预测数据以虚线显示

为了突出显示图表中的某些数据，可以将其对应的数据系列设置为其他格式。例如使用特殊的颜色突出公司销售业绩最好的数据、使用特殊形状突出平均值数据等。

下面以在"公司盈利同比增长率分析"工作簿中将最后三年的预测数据在折线图中用虚线显示来突出数据为例，具体介绍相关操作。

Step 01 ❶选择所有的数据系列，❷单击"填充与线条"选项卡中的"标记"选项卡，❸选中"内置"单选按钮，❹单击"类型"下拉按钮，❺选择合适的形状，如图11-28所示。

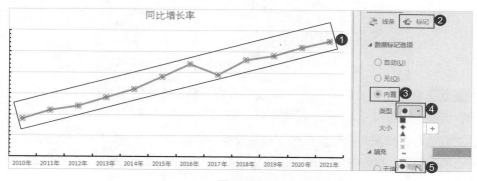

图11-28

Step 02 ❶两次单击2019年的数据点将该数据点选中，❷在"颜色"下拉列表框中选择"红色"颜色，❸单击"短画线类型"下拉按钮，❹选择"圆点"选项，将2018~2019年之间的连接线更改为圆点，如图11-29所示。

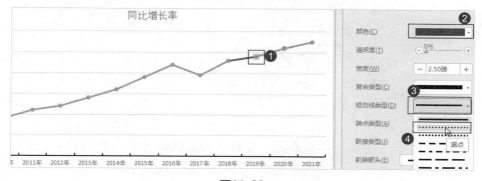

图11-29

Step 03 单击"标记"选项卡，展开"填充"选项，❶单击下方的"颜色"下拉列表框，❷选择"红色"选项，如图11-30所示。

Step 04 保持数据标记点的选择状态，展开"线条"选项，❶单击"线条"下拉列表框，❷在弹出的下拉菜单中选择"线条样式：实线"选项即可更改标记点的边框样式，如图11-31所示。

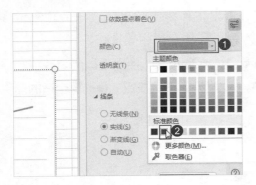

图11-30

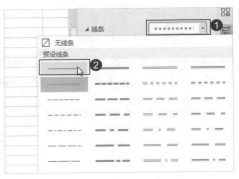

图11-31

Step 05 ❶单击下方的"颜色"下拉列表框，❷在弹出的下拉菜单中选择"红色"选项，如图11-32所示。以同样的方法设置后面两个标记。

Step 06 ❶选择所有的数据系列，❷在窗格中单击"系列"选项卡，❸展开"系列选项"选项，❹选中其中的"平滑线"复选框即可让线条变得平滑，如图11-33所示。

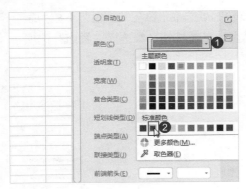

图11-32

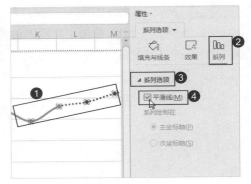

图11-33

完成后即可查看到整体效果，预测的数据以红色进行突出显示，连接线变为了圆点虚线，且整个折线图变为了曲线，如图11-34所示。

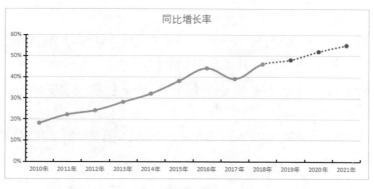

图11-34

TIPS 用箭头表现出数据变化趋势

　　在WPS中还可以为折线图添加箭头，让数据趋势变化更加明显。首先选择数据系列，在属性窗格的"填充与线条"选项卡中单击"线条"选项卡，展开"线条"选项，❶单击"末端箭头"下拉列表框，❷选择合适的箭头即可，如图11-35所示。

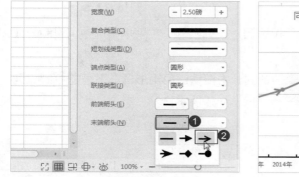

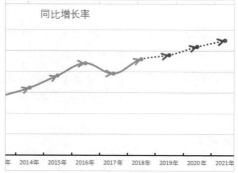

图11-35

11.2.4　借助辅助列添加间隔的竖条

　　在折线图中，为了让每个数据点能够清晰地查看到对应的横坐标值，可以通过间隔的竖条来分隔折线图中的数据点。这里的分隔条不是手动绘制的，因为逐个手动绘制并不准确，而且麻烦，这里介绍一种利用添加辅助列的方式来自动添加间隔竖条。

下面以在“公司盈利同比增长率分析”工作簿中添加辅助列的方式为折线图添加间隔竖条为例，具体介绍相关操作。

Step 01 ❶在E2单元格中输入“辅助列”，❷分别在E3和E4单元格中输入“60%”和“0”，如图11-36所示。

Step 02 ❶选择E3:E4单元格区域，❷拖动右下角的控制柄填充到E14单元格，如图11-37所示。

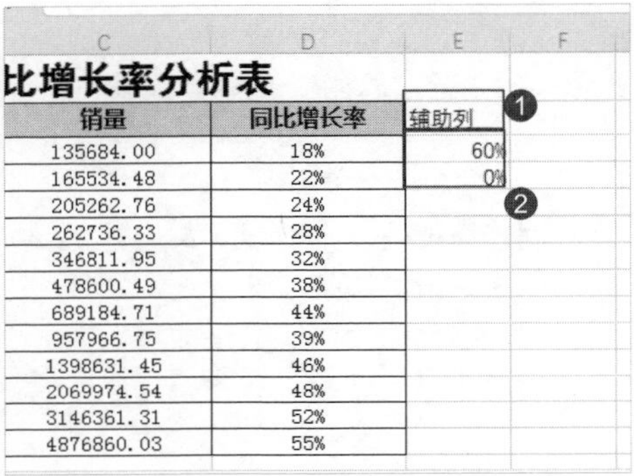

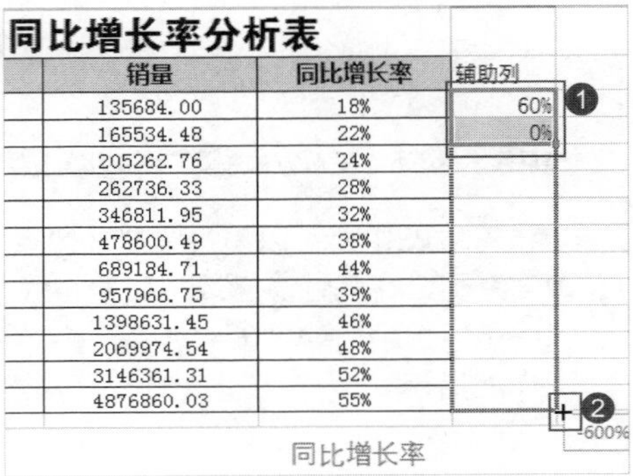

销量	同比增长率	辅助列
135684.00	18%	60%
165534.48	22%	0%
205262.76	24%	
262736.33	28%	
346811.95	32%	
478600.49	38%	
689184.71	44%	
957966.75	39%	
1398631.45	46%	
2069974.54	48%	
3146361.31	52%	
4876860.03	55%	

图11-36

销量	同比增长率	辅助列
135684.00	18%	60%
165534.48	22%	0%
205262.76	24%	
262736.33	28%	
346811.95	32%	
478600.49	38%	
689184.71	44%	
957966.75	39%	
1398631.45	46%	
2069974.54	48%	
3146361.31	52%	
4876860.03	55%	

图11-37

Step 03 单击“自动填充选项”下拉按钮，在弹出的下拉菜单中选中“复制单元格”单选按钮，如图11-38所示。

Step 04 ❶选择图表，❷在工作表的数据源中拖动蓝色矩形框右下角的控制点到E14单元格，将辅助列添加到图表中，如图11-39所示。

同比增长率	辅助列
18%	60%
22%	0%
24%	60%
28%	0%
32%	60%
38%	0%
44%	60%
39%	0%
46%	60%
48%	0%
52%	60%
55%	0%

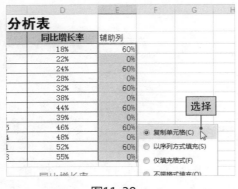

图11-38

图11-39

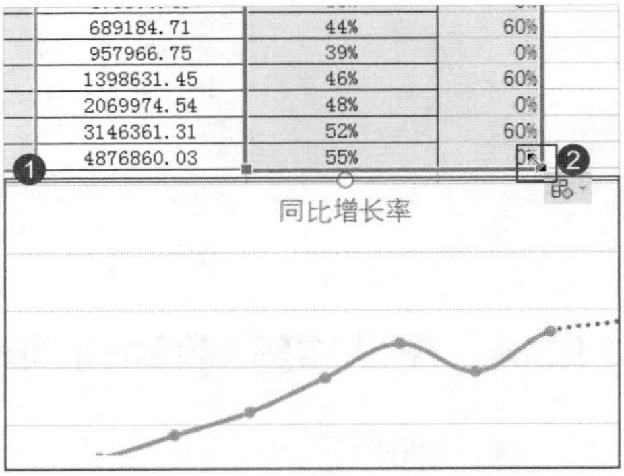

Step 05 ❶在图表中选择新添加的辅助列数据系列并单击鼠标右键，❷在弹出的

快捷菜单中选择"更改系列图表类型"命令,如图11-40所示。

Step 06 ❶在打开的"更改图表类型"对话框中单击辅助列对应的"图表类型"下拉列表框,❷在弹出的下拉菜单中选择"簇状柱形图"选项,单击"确定"按钮即可,如图11-41所示。

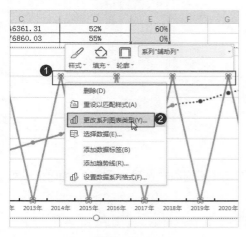

图11-40

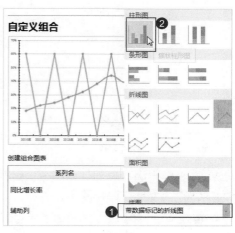

图11-41

Step 07 ❶选择图表中的纵坐标轴,在其上右击,❷在弹出的快捷菜单中选择"设置坐标轴格式"命令,如图11-42所示。

Step 08 ❶在打开的窗格中展开"坐标轴选项"选项,❷在"最大值"文本框中输入"0.6",如图11-43所示。

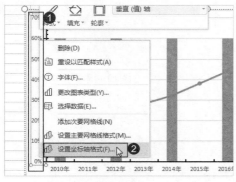

图11-42

图11-43

Step 09 ❶选择辅助列的数据系列,❷在窗格中的"填充与线条"选项卡中展开"填充"选项,❸选中"纯色填充"单选按钮,如图11-44所示。

Step 10 ❶在"颜色"下拉列表框中选择"橙色，着色4，浅色 60%"选项，❷设置透明度为"40%"，如图11-45所示。

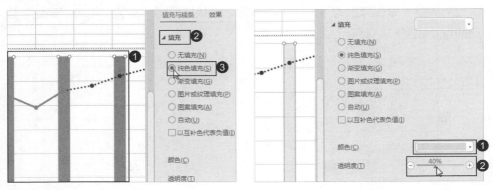

图11-44　　　　　　　　　　　　　图11-45

Step 11 ❶单击"系列"选项卡，❷展开"系列选项"选项，❸将分类间距设置为"0%"，如图11-46所示。

Step 12 关闭窗格后，返回到工作表中即可查看到最终效果，如图11-47所示。

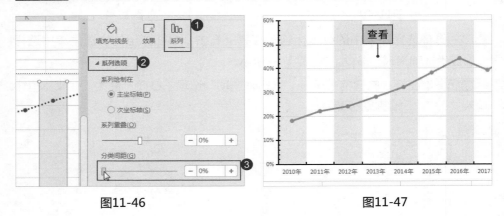

图11-46　　　　　　　　　　　　　图11-47

11.2.5　移动图表

在实际工作中，有时还需要将图表移动到一个单独的工作表中，在WPS中可以通过移动图表功能实现，不仅可以移动到已经存在的工作表中，还可以移动到新建的工作表。

下面以在"公司盈利同比增长率分析"工作簿中移动图表时创建"分

析图表"工作表,并将图表移动到其中为例,具体介绍相关操作。

Step 01 ❶选择图表,❷在"图表工具"选项卡中单击"移动图表"按钮,如图11-48所示。

Step 02 ❶在打开的"移动图表"对话框中选中"新工作表"单选按钮,❷在后面的文本框中输入"分析图表"文本,❸单击"确定"按钮,如图11-49所示。

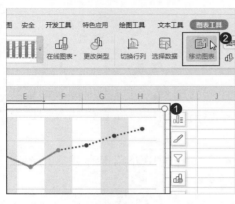

图11-48

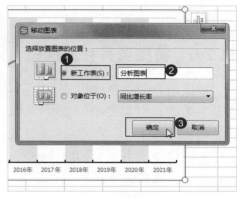

图11-49

完成图表移动后,系统会自动新建一个工作表,保存图表,其最终效果如图11-50所示。

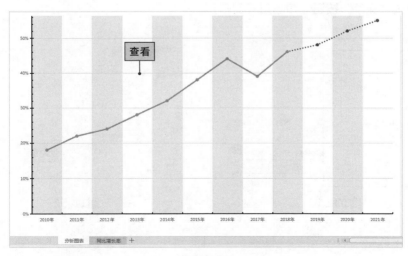

图11-50

11.2.6　将图表另存为模板

　　如果用户经常要使用某一个已经设计好的图表，可以不用每次都重新设计和编辑，只需要把图表保存成模板，以后使用的时候直接插入即可快速使用。

　　下面以在"公司盈利同比增长率分析"工作簿中介绍保存并应用图表模板为例，介绍相关操作。

Step 01 切换到"分析图表"工作表中，❶选择图表并单击鼠标右键，❷在弹出的快捷菜单中选择"另存为模板"命令，如图11-51所示。

Step 02 在打开的"保存图表模板"对话框中的"文件名"文本框中输入模板名称，单击"保存"按钮，如图11-52所示。

图11-51　　　　　　　　　　　　　　　　　　图11-52

Step 03 切换到"同比增长率"工作表中，❶同时选择B2:B14和D2:D14单元格区域，❷单击"插入"选项卡下的"图表"按钮，如图11-53所示。

Step 04 ❶在打开的"插入图表"对话框中单击"模板"选项卡，❷在右侧选择需要插入的模板，单击"插入"按钮，如图11-54所示。

图11-53

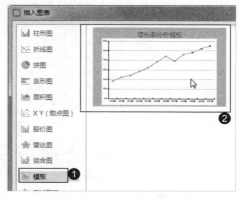

图11-54

返回到工作表中，即可查看到套用模板制作出的图表效果，如图11-55所示。

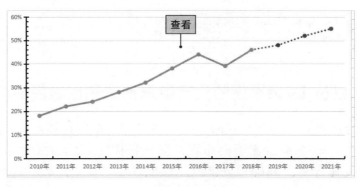

图11-55

TIPS *将图表另存为图片*

为了避免其他用户对图表的结构或内容进行恶意修改，可以将图表另存为图片，这样既能方便用户查看，也能保证图表数据的安全。只需要选择图表并单击鼠标右键，选择"另存为图片"命令，在打开的"另存为图片"文本框中选择保存位置并设置图片名称，最后保存即可，如图11-56所示。

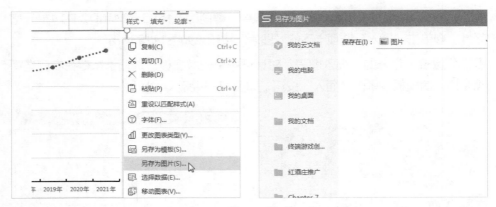

图11-56

11.3 公司员工生产占比分析

占比分析通常是分析团体中的某一个或某一项数据在整个团体的数据中所占的比例。通过占比分析可以了解个体与整体的关系，可以方便团体负责人或管理者了解个体的具体情况，以便及时做出调整。

素材文件	◎素材\Chapter 11\员工第4季度生产数据分析.xlsx
效果文件	◎效果\Chapter 11\员工第4季度生产数据分析.xlsx

11.3.1 以员工第4季度的生产数据创建数据透视表

数据透视表是一种交互式的表格，可以进行某些计算，如求和与计数等，并且可以动态地改变版面布置，以便按照不同的方式分析数据，也可以重新安排行号、列标和页字段。这里以在"员工第4季度生产数据分析"素材文件中根据表格数据创建数据透视表为例，进行具体介绍。

Step 01 打开"员工第4季度生产数据分析"素材文件，❶在"生产记录表"工作表中选择任意数据单元格，❷单击"插入"选项卡下的"数据透视表"按钮，如图11-57所示。

Step 02 ❶在打开的"创建数据透视表"对话框中选中"新工作表"单选按钮，❷单击"确定"按钮即可，如图11-58所示。

图11-57

图11-58

TIPS 在现有工作表中创建数据透视表

　　在"创建数据透视表"对话框中选中"现有工作表"单选按钮，通过下方文本框右侧的折叠按钮选择目标工作表中的单元格，即可创建。

Step 03　将新创建的工作表命名为"数据分析"，❶在数据透视表区域单击鼠标右键，❷选择"显示字段列表"命令，如图11-59所示。

Step 04　❶在打开的"数据透视表"窗格中，将"将字段拖动至数据透视表区域"列表框中的"姓名"字段拖动到"列"区域，❷将"日期"字段和"产品"字段拖动到"行"区域，❸将"件数"字段拖动至"值"区域即可，如图11-60所示。

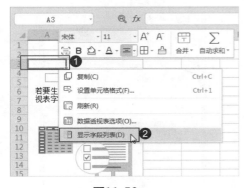

图11-59

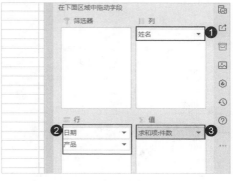

图11-60

返回工作表中可以查看到数据透视表的具体效果，如图11-61所示。

求和项:件数		姓名			
日期	产品	陈黎	姜云	凌一	总计
2019/10/15		1926	1552	1261	4739
	方向柱	1926		1261	3187
	密封件		1552		1552
2019/10/18		852	940	1773	3565
	紧固件	852	940	1773	3565
2019/10/19		1092	1332	816	3240
	方向柱	1092			1092
	紧固件			816	816
	密封件		1332		1332
2019/10/20		1734	1938	1378	5050
	齿轮			1378	1378
	方向柱		1938		1938
	紧固件	1734			1734

图11-61

11.3.2 创建组汇总月份

在图11-61中可以发现，表格中的日期数据详细显示不方便对每月数据进行分析。在WPS中可以通过分组的方式将具体的日期按照一定规则进行分组，从而方便进行数据分析。

这里以在"员工第4季度生产数据分析"素材文件中将日期数据进行组合，按月显示为例，进行具体介绍。

Step 01 ❶选择数据透视表中"日期"字段任意数据单元格，❷单击"分析"选项卡下的"组选择"按钮，如图11-62所示。

Step 02 ❶在打开的"组合"对话框中确定日期的起止时间，❷在"步长"列表框中选择"月"选项，❸单击"确定"按钮即可，如图11-63所示。

图11-62

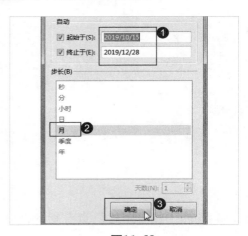

图11-63

Step 03 组合后可以查看最终效果，如图11-64所示。

	A	B	C	D	E	F	G
3	求和项:件数		姓名				
4	日期	产品	陈黎	美云	凌一	总计	
5	10月		13570	13851	14236	41657	
6		齿轮	3394		3083	6477	
7		方向柱	30	4330	5787	13135	
8		滑轮	1161	4271		5432	
9		紧固件	5997	2366	3956	12319	
10		密封件		2884	1410	4294	
11	11月		29300	28765	26964	85029	
12		齿轮	2900	9080	5801	17781	
13		方向柱	4368	4720	991	10079	
14		滑轮	2917	7952	10041	20910	
15		紧固件	8763	5760	2832	17355	
16		密封件	10352	1253	7299	18904	
17	12月		1102	9425	13389	23916	
18		齿轮			4322	4322	
19		方向柱		3313	1789	5102	
20		滑轮		4683	1200	5883	
21		紧固件		1429	3726	5155	
22		密封件	1102		2352	3454	
23	总计		43972	52041	54589	150602	

图11-64

TIPS 取消汇总

相较于创建组汇总，取消汇总的操作比较简单，只需要选择"日期"字段的任意数据单元格，单击"分析"选项卡中的"取消汇总"按钮即可恢复到汇总前的状态。

11.3.3 添加每月平均生产件数字段

在数据透视表中对表格数据的汇总不是只有求和，用户还可以创建其他汇总方式，包括计数、平均值、最大值、最小值等。

下面以在"员工第4季度生产数据分析"素材文件中新建平均值汇总为例，进行具体介绍。

Step 01 在打开的"数据透视表"任务窗格中将"将字段拖动至数据透视表区域"列表框中的"件数"字段拖动到"值"区域中"求和项:件数"字段后，如图11-65所示。

Step 02 ❶单击"求和项:件数2"选项，❷在弹出的下拉菜单中选择"值字段设置"命令，如图11-66所示。

图11-65　　　　　　　　　　　　　　　　图11-66

Step 03 ❶在打开的"值字段设置"窗格中的"自定义名称"文本框中输入"平均生产件数"文本，❷在下方的列表框中选择"平均值"选项，❸单击"数字格式"按钮，如图11-67所示。

Step 04 ❶在打开的"单元格格式"对话框中的"分类"列表框中选择"数值"选项，❷在右侧的"小数位数"数值框中输入"0"，单击"确定"按钮，如图11-68所示。

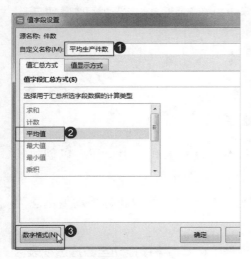

图11-67　　　　　　　　　　　　　　　　图11-68

Step 05 ❶返回到"值字段设置"对话框中单击"确定"按钮保存设置，❷返回工作表中，可以查看到新创建的按月汇总的平均生产件数字段数据，如图11-69所示。

		求和项:件数汇总	平均生产件数汇总
件数	平均生产件数		
14236	1424	41657	1389
3083	1542	6477	1295
5787	1447	13135	1459
		5432	1358
3956	1319	12319	1369
1410	1410	4294	1431
26964	1284	85029	1350
5801	1160	17781	1368
991	991	10079	1260
10041	1434	20910	1394
2832	1416	17355	1446
7299	1217	18904	1260
13389	1339	23916	1329
4322	1441	4322	1441

图11-69

11.3.4 汇总第4季度每人的生产量占比情况

在许多的报表中都会用到计算单个数据项在同一行或列中所占的比例，例如分析商品的市场占有率、员工生产数量占产总额的比率等。在这种情况下，一般使用"行汇总的百分比"或者"列汇总的百分比"的值显示方式。

下面以在"员工第4季度生产数据分析"素材文件中汇总第4季度每人的生产量占比为例，进行具体介绍。

Step 01 ❶在"值"区域中单击"平均生产件数"字段，❷在弹出的下拉菜单中选择"删除字段"命令，如图11-70所示。

Step 02 ❶单击"求和项:件数"字段，❷在弹出的下拉菜单中选择"值字段设置"命令，如图11-71所示。

图11-70

图11-71

Step 03 ❶在打开的"值字段设置"对话框中的"自定义名称"文本框中输入
"汇总百分比"文本，❷单击"值显示方式"选项卡，如图11-72所示。

Step 04 ❶单击"值显示方式"下拉列表框，❷选择"行汇总的百分比"，❸单
击"确定"按钮，如图11-73所示。

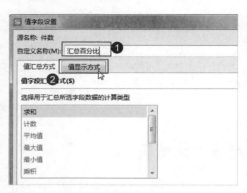

图11-72

图11-73

返回到工作表中即可查看到每位员工的生产件数占总件数的百分比，
效果如图11-74所示。

汇总百分比		姓名			
日期 ▼	产品 ▼	陈黎	姜云	凌一	总计
⊟10月		32.58%	33.25%	34.17%	100.00%
	齿轮	52.40%	0.00%	47.60%	100.00%
	方向柱	22.98%	32.97%	44.06%	100.00%
	滑轮	21.37%	78.63%	0.00%	100.00%
	紧固件	48.68%	19.21%	32.11%	100.00%
	密封件	0.00%	67.16%	32.84%	100.00%
⊟11月		34.46%	33.83%	31.71%	100.00%
	齿轮	16.31%	51.07%	32.62%	100.00%
	方向柱	43.34%	46.83%	9.83%	100.00%
	滑轮	13.95%	38.03%	48.02%	100.00%
	紧固件	50.49%	33.19%	16.32%	100.00%
	密封件	54.76%	6.63%	38.61%	100.00%
⊟12月		4.61%	39.41%	55.98%	100.00%
	齿轮	0.00%	0.00%	100.00%	100.00%
	方向柱	0.00%	64.94%	35.06%	100.00%
	滑轮	0.00%	79.60%	20.40%	100.00%
	紧固件	0.00%	27.72%	72.28%	100.00%
	密封件	31.91%	0.00%	68.09%	100.00%
总计		29.20%	34.56%	36.25%	100.00%

图11-74

TIPS *其他方式设置汇总方式*

　　除了选择"值显示方式"命令，在打开的"值显示方式"对话框中进行设
置外，还可以在数据透视表中右击汇总字段，选择"值汇总依据"命令或"值
显示方式"命令，在其子菜单中选择汇总方式进行设置，如图11-75所示。

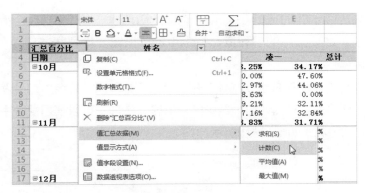

图11-75

11.3.5　在报表中添加姓名、产品筛选器查看数据

切片筛选器是一种高效筛选工具，通过该工具用户能够快速筛选数据透视表中的数据。在报表中插入切片器，可以快速、高效地对数据透视表进行筛选。

下面以在"员工第4季度生产数据分析"素材文件中插入姓名、产品筛选器为例，具体介绍筛选器的使用方法。

Step 01 取消设置的值显示方式，❶选择数据透视表中任意数据单元格，❷在"分析"选项卡中单击"插入切片器"按钮，如图11-76所示。

Step 02 在打开的"插入切片器"对话框中选中"姓名"和"产品"复选框，单击"确定"按钮即可，如图11-77所示。

图11-76

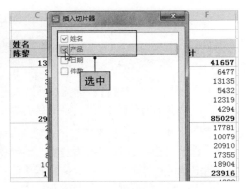

图11-77

Step 03 ❶按住【Ctrl】键，选择两个创建的切片器，将其移动到合适的位置，❷在"选项"选项卡中的"列宽"栏中单击➕按钮，将列宽调整为"2"，如图11-78所示。

Step 04 切片器中的选项默认都处于选择状态，❶单击"姓名"切片器中的"陈黎"选项，❷单击"产品"切片器中的"滑轮"选项，可以在透视表中查看该员工生产滑轮的情况，如图11-79所示。

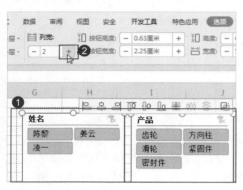

图11-78

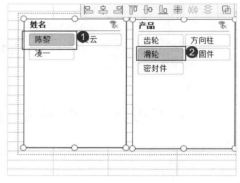

图11-79

切片器的筛选效果如图11-80所示。

图11-80

TIPS *清除筛选内容和删除切片器*

使用切片器进行数据筛选后，要想恢复筛选前的状态，只需要在切片器面板中单击"清除筛选器"按钮即可。

如果切片器不再需要了，则需要将其删除。首先清除筛选内容，❶在切片器上右击，选择"报表连接"命令，❷在打开的"数据透视表连接"对话框中取消选中其中的复选框，❸单击"确定"按钮，如图11-81所示。最后按【Delete】键删除筛选器面板即可。

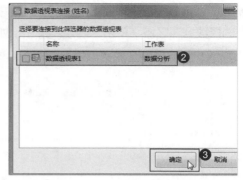

图11-81

11.3.6 刷新与美化报表

根据数据源创建的数据透视表并不是不能增加或减少数据的，为了方便用户使用，创建数据透视表后，仍然可以在数据源表格中增加数据，并将其更新到数据透视表中。除此之外，完成数据透视表的制作后，还可以对数据透视表进行美化，下面具体介绍更新数据透视表的数据源并美化数据透视表的相关操作。

Step 01 删除切片器，切换到"生产记录表"工作簿，选择任意数据单元格，单击"数据"选项卡中的"记录单"按钮，插入一条新数据，如图11-82所示。

Step 02 切换到"数据分析"工作表，❶选择数据透视表中任意数据单元格，❷单击"分析"选项卡下的"更改数据源"按钮，如图11-83所示。

图11-82

图11-83

Step 03 在打开的"更改数据透视表数据源"对话框中单击右侧的 按钮，重新选择数据源区域，单击"确定"按钮，如图11-84所示。

Step 04 返回到数据透视表中即可查看到最终效果，如图11-85所示。

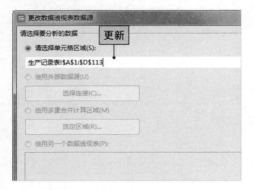

图11-84   图11-85

TIPS _通过刷新的方式更新数据透视表_

如果数据源中新增的数据不是在数据源表的末尾，而是在其中插入的一条或多条数据，则可以直接在数据透视表中选择任意数据单元格，单击"分析"选项卡下的"刷新"按钮即可更新数据透视表。

Step 05 ❶选择数据透视表中任意数据单元格，❷单击"设计"选项卡下的"其他"下拉按钮，❸选择"数据透视表样式中等深浅 13"选项，直接套用系统样式，如图11-86所示。

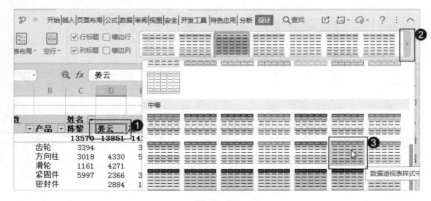

图11-86

　　返回到工作表中即可查看到数据透视表套用系统样式后的效果，如图11-87所示。数据透视表也相当于表格，因此同样可以套用系统内置的表格样式。

求和项:件数		姓名			
日期	产品	陈黎	美云	凌一	总计
10月		13570	13851	14236	41657
	齿轮	3394		3083	6477
	方向柱	3018	4330	5787	13135
	滑轮	1161	4271		5432
	紧固件	5997	2366	3956	12319
	密封件		2884	1410	4294
11月		29300	28765	26964	85029
	齿轮	2900	9080	5801	17781
	方向柱	4368	4720	991	10079
	滑轮	2917	7952	10041	20910
	紧固件	8763	5760	2832	17355
	密封件	10352	1253	7299	18904
12月		2102	9425	13389	24916
	齿轮			4322	4322
	方向柱		3313	1789	5102
	滑轮	1000	4683	1200	6883

查看

图11-87

11.4　公司产品销售情况分析

　　要了公司产品的销售情况，使用图表进行展示和查看无疑是十分方便、快捷的。在WPS表格中，针对数据透视表有相应的数据透视图帮助用户对报表的数据进行展示和分析。

素材文件	◎素材\Chapter 11\各地区产品零件销售金额分析报表.xlsx
效果文件	◎效果\Chapter 11\各地区产品零件销售金额分析报表.xlsx

11.4.1　分析公司月营业收入结构占比

　　公司月营业收入占比分析实则是分析公司各产品的销售数据在该月总销售数据中占比情况。下面具体介绍在数据透视表中创建圆环图分析各产品销售占比情况。

Step 01　打开"各地区产品零件销售金额分析报表"素材文件，切换到"公司月营业收入结构占比分析"工作表，❶选择A3:B8单元格区域，❷单击"分析"选项卡下的"数据透视图"按钮，如图11-88所示。

Step 02　❶在打开的"插入图表"对话框中单击"饼图"选项卡，❷双击"圆环图"按钮，即可创建数据透视图，如图11-89所示。

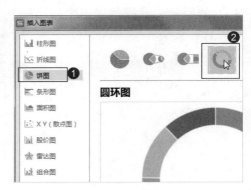

图11-88 图11-89

Step 03 选择所有数据系列，打开"属性"窗格，❶单击"系列"选项卡，❷设置"圆环图内径大小"为"50%"，如图11-90所示。

Step 04 ❶切换到"填充与线条"选项卡，❷选中"无线条"单选按钮，更改数据透视图样式，如图11-91所示。

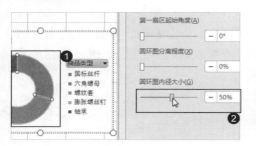

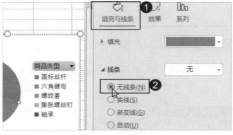

图11-90 图11-91

Step 05 ❶将"国标丝杆"数据系列填充为"马鞍棕色，着色2，深色 50%"颜色，❷将其余的数据系列填充为"金色，着色2，浅色 80%"颜色，如图11-92所示。

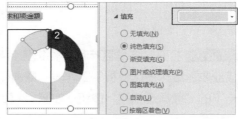

图11-92

Step 06 删除图表右侧的图例，❶单击"图表工具"选项卡"添加元素"下拉按钮，❷选择"图表标题/图表上方"命令，如图11-93所示。设置图表标题为"国标丝杆"，并设置字体格式。

Step 07 ❶为"国标丝杆"数据系列添加数据标签，❷为整个图表设置背景填充色为"亮天蓝色，着色1，浅色60%"颜色，如图11-94所示。

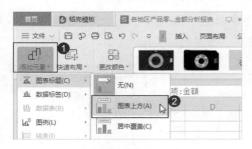

图11-93

图11-94

复制图表，用同样的方法为其他产品设置占比分析图，调整第一扇区起始角度，最终效果如图11-95所示。

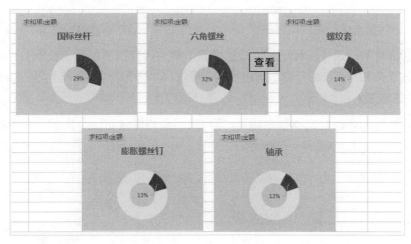

图11-95

11.4.2　用雷达图展示商品销售地分布

要了解各种产品在不同地区的销售情况，可以使用雷达图进行数据展示与分析，方便进行对比分析。

下面以在"各地区产品零件销售金额分析报表"工作簿中创建雷达图对数据透视表数据进行分析为例，进行具体介绍。

Step 01 切换到"商品销售地分布"工作表，❶选择A4:F11单元格区域，❷单击"分析"选项卡下的"数据透视图"按钮，如图11-96所示。

Step 02 ❶在打开的"插入图表"对话框中单击"雷达图"选项卡，❷双击"带数据标记的雷达图"按钮，创建数据透视图，如图11-97所示。

图11-96

图11-97

Step 03 将数据透视图移动到合适的位置，❶选择数据透视图，❷单击"图表工具"选项卡下的"添加元素"下拉按钮，❸选择"图表标题/图表上方"命令，如图11-98所示。

Step 04 在图表标题文本框中输入"7月商品销售地分布图"文本，并设置字体格式，完成操作，如图11-99所示。

图11-98

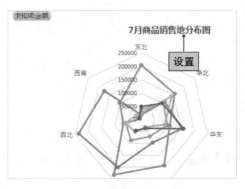

图11-99

11.4.3　将销售分析报表打印出来

完成报表的设置后，有时为了方便传阅或存档，需要将报表打印出来，此时就需要了解报表的打印预览以及打印报表操作。

下面以在"各地区产品零件销售金额分析报表"工作簿中预览并打印报表为例，进行具体介绍。

Step 01 切换到"商品销售地分布"工作表，❶单击"页面布局"选项卡，❷选中"显示分页符"复选框，如图11-100所示。

Step 02 ❶单击"视图"选项卡，❷单击其中的"分页预览"按钮，如图11-101所示。

图11-100

图11-101

Step 03 ❶将鼠标光标移动到工作表右侧的蓝色线上，向右拖动，扩大打印区域，❷切换到"公司月营业收入结构占比分析"工作表，单击"页面布局"选项卡下的"打印预览"按钮，如图11-102所示。

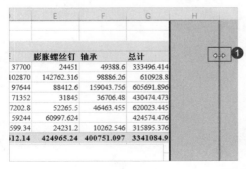

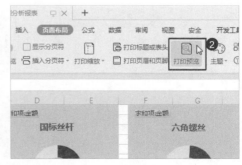

图11-102

Step 04 ❶在打开的"打印预览"选项卡中单击"更多设置"组中的"横向"按钮，❷对打印方式、打印份数、打印顺序等进行设置，如图11-103所示。

Step 05 ❶单击"页边距"按钮，❷即可拖动对应的标注线调整页边距，如图11-104所示。

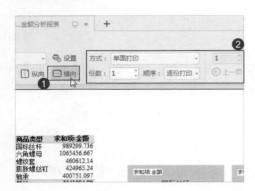

图11-103

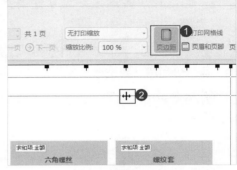

图11-104

Step 06 ❶再次单击"页边距"按钮，退出页边距调整模式，❷选中"打印网格线"复选框，即可查看打印区域，❸选择合适的打印设备，❹单击"直接打印"按钮即可打印，如图11-105所示。

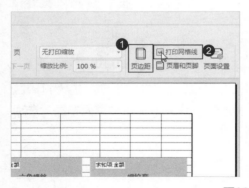

图11-105

第12章
综合应用案例

在前面的11个章节中，以案例的形式对日常商务办公中容易遇到的工作问题以及相关办公知识进行了介绍。本章将通过3个综合案例的讲解，对其中重要知识和技巧进行回顾和综合应用，以便让用户的技能获得提高。

内容思维导图

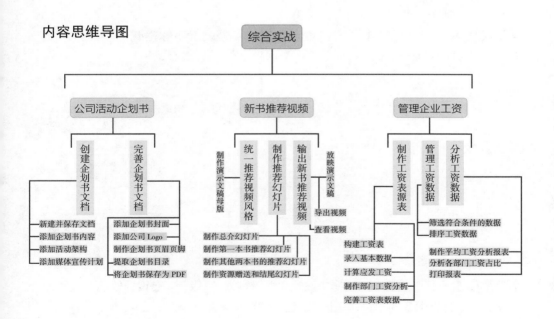

12.1　利用WPS文字制作公司活动企划书

活动策划书应当包含活动的目的、意义以及活动的具体流程，同时在企划书中还应对通过活动期望起到的作用进行展示。活动的意义在于产品推广、促进销售、刺激客户购买等，本节将具体介绍公司活动企划书的制作方法。

素材文件	◎素材\Chapter 12\企业活动策划\
效果文件	◎效果\Chapter 12\企业活动策划\

12.1.1　输入企划书内容并设置文本格式

企业的活动企划书通常要求字体格式规范，段落明确、清晰，能够突出主题，下面首先介绍新建企划书文档、录入文本并设置文本格式的相关操作。

Step 01 ❶新建"×公司茶产品活动企划书"文档，❷在文档中录入企划书的文本内容，如图12-1所示。

Step 02 ❶选择标题文本"一、企划缘起"，❷设置字体格式为"黑体，二号"，如图12-2所示。

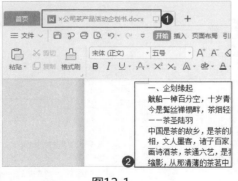

図12-1　　　　　　　　　　　　　図12-2

Step 03 ❶打开"段落"对话框，设置大纲级别为"1级"，❷设置段前、段后为"0.5行"，如图12-3所示，单击"确定"按钮关闭对话框。

Step 04 使用格式刷将与该标题同级别的标题设置成同样的样式，❶选择二级标题文本"（一）茶叶的功效"，❷设置字体格式为"华文楷体，小二"，如

图12-4所示，将其大纲级别设置为2级，段前、段后设置为"0.5行"。同样的使用格式刷设置同级别的其他标题。

图12-3

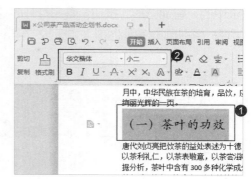

图12-4

Step 05 ❶选择三级标题文本"1.茶文化的内涵"，❷设置字体格式为"华文楷体，三号"，如图12-5所示，将其大纲级别设置为3级，段前、段后设置为"0.5行"。

Step 06 使用格式刷将与该标题同级别的标题设置为同样的样式，选择文本段落，设置字体格式为"华文楷体，小四"，❶在"段落"对话框中设置段落首行缩进2字符，❷设置行距为"固定值，20磅"，如图12-6所示。同样的使用格式刷设置同类型文本。

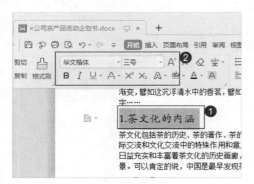

图12-5

图12-6

12.1.2　使用智能图形介绍活动时间及架构

通过智能图形能够很好地展示企业及活动内部的结构，这里主要通过智能图形介绍活动的流程及结构，其相关操作如下。

Step 01 ❶将文本插入点定位到需要插入智能图形的位置，❷单击"插入"选项卡中的"智能图形"按钮，❸在打开的"选择智能图形"对话框中双击"组织结构图"按钮创建智能图形，如图12-7所示。

图12-7

Step 02 前面在设置行距时，将行距设置为固定的20磅，导致图形显示不完整，此时将文本插入点定位到智能图形所在行，打开"段落"对话框，设置行距为"单倍行距"即可，如图12-8所示。

Step 03 选择智能图形中的助理项目（从上往下第二个项目），按【Delete】键将其删除，❶选择左下角的项目，❷单击右侧的"添加项目"按钮，❸选择"在下方添加项目"选项，如图12-9所示。

图12-8

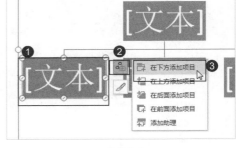

图12-9

Step 04 以同样的方法在下方继续添加项目，分别在下方3个项目下添加4个项目，并在其中录入文本，如图12-10所示。

Step 05 ❶选择整个智能图形，❷在"设计"选项卡下图形样式栏中选择合适的样式，如图12-11所示。

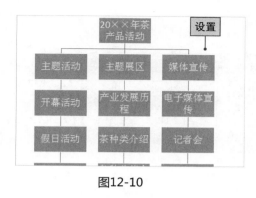

图12-10

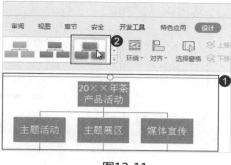

图12-11

12.1.3 用表格说明媒体宣传计划

为了让活动能够更好地开展，以便让更多的潜在客户能够参与到活动中来，所以，活动推广是必不可少的，但是推广也需要费用，需要在策划中进行详细评估核算，让公司管理者了解，下面具体介绍相关操作。

`Step 01` 将文本插入点定位到"五、媒体宣传计划"的下一行，❶单击"插入"选项卡中的"表格"下拉按钮，❷选择"插入表格"命令，如图12-12所示。

`Step 02` ❶在打开的"插入表格"对话框中的"列数"和"行数"数值框中输入"3"和"10"，❷单击"确定"按钮，如图12-13所示。

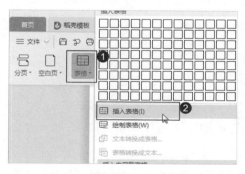

图12-12

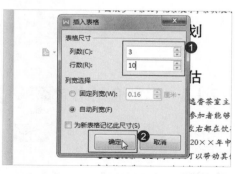

图12-13

`Step 03` ❶选择第一行的3个连续单元格，❷在"表格工具"选项卡"表格属性"组中单击"合并单元格"按钮合并单元格，如图12-14所示。以同样的方法合并第二行后两个单元格。

`Step 04` 在表格中录入表格数据，可以在表格中发现有的单元格中文本分两行显示，如图12-15所示。

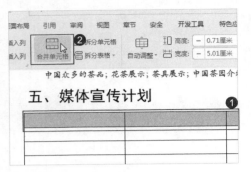

图12-14   图12-15

Step 05 ❶将鼠标光标移动到该列左侧的分隔线上，按住鼠标左键不放向左拖动，让文本在一行中显示，❷查看到最终效果，如图12-16所示。

图12-16

12.1.4 添加企划书封面

为了让企划书更加完整、美观，在制作时还可以为企划书添加一个封面页，其具体操作如下。

Step 01 ❶单击"章节"选项卡中的"封面页"下拉按钮，❷选择"晶格型"选项，如图12-17所示。

Step 02 在封面页中输入标题文本，并对不同类型的文本设置不同的字体格式，如图12-18所示。

图12-17

图12-18

12.1.5　为企划书添加公司Logo、图片

　　插入图片可以让文档内容更加丰富，企业Logo也属于图片，能够让文档更加正式，下面具体介绍在文档中插入Logo和图片的操作。

`Step 01` ❶在封面页中单击"插入"选项卡下的"图片"按钮下方的下拉按钮，❷选择"来自文件"命令，如图12-19所示。

`Step 02` ❶在打开的"插入图片"对话框中选择图片的保存路径，❷选择"logo.jpg"选项，单击"打开"按钮，如图12-20所示。

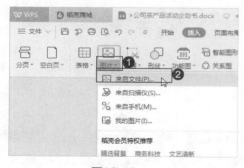

图12-19

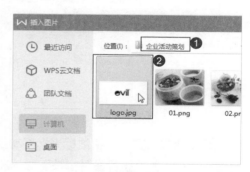

图12-20

`Step 03` 调整图片的大小，❶选择图片，❷单击图片右侧的"布局选项"按钮，❸选择"浮于文字上方"选项，如图12-21所示。

`Step 04` 将鼠标光标移动到图片上方，按住鼠标左键进行拖动，将其移动到页面的左下角，如图12-22所示。

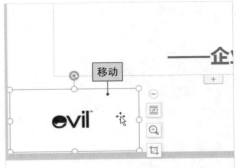

图12-21　　　　　　　　　　　　　　　图12-22

Step 05 将鼠标光标定位到"1.茉莉花茶"文本附近，采用插入Logo的方式插入"01.png"图片，❶在打开的对话框中选中其中的提示复选框，❷单击"否"按钮，如图12-23所示。

Step 06 ❶单击"图片工具"选项卡下的"环绕"下拉按钮，❷选择"四周型环绕"选项，将插入图片的环绕类型更改为四周环绕型，如图12-24所示。

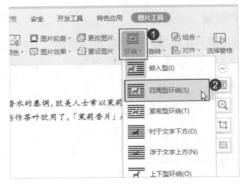

图12-23　　　　　　　　　　　　　　　图12-24

Step 07 完成设置后，将鼠标光标移动到图片任意一角的控制点上，拖动控制点将图片缩小，然后选择图片，按下鼠标左键进行拖动，将图片移动到文档中的合适位置进行布局，如图12-25所示。

Step 08 ❶复制一张插入的图片，将其移动到"2.玫瑰花茶"文本下方合适位置，❷单击"图片工具"选项卡中的"更改图片"按钮，如图12-26所示。在打开的"更改图片"对话框中选择"02.png"图片进行更换即可，以同样的方法插入其他3张图片即可。

图12-25

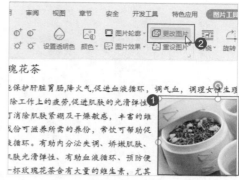

图12-26

12.1.6　制作企划书的页眉、页脚

制作页眉页脚能够让整个文档查阅更加方便，下面具体介绍为企划书制作奇偶页不同的页眉和页脚。

Step 01 在第一页顶部双击，进入页眉页脚编辑状态，单击"页眉和页脚"选项卡"页面设置"组中的"对话框启动器"按钮，如图12-27所示。

Step 02 ❶在打开的"页面设置"对话框中单击"版式"选项卡，❷选中"奇偶页不同"复选框，单击"确定"按钮，如图12-28所示。

图12-27

图12-28

Step 03 定位文本插入点，在第一页（奇数页）的页眉输入"茶产品活动企划"文本，如图12-29所示。

Step 04 ❶在下一页（偶数页）的页眉输入"主办方：×公司"文本，❷单击"开始"选项卡"段落"组中的"右对齐"按钮，如图12-30所示。

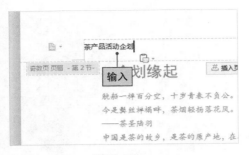

图12-29   图12-30

Step 05 将文本插入点定位到上一页的页脚位置，❶单击"插入页码"下拉按钮，❷在"位置"栏中选择"左侧"选项，❸选中"本页及之后"单选按钮，❹单击"确定"按钮即可，如图12-31所示。

Step 06 ❶在下一页（偶数页）的页脚选择页码，❷单击"布局选项"按钮，❸单击"查看更多"超链接，如图12-32所示。

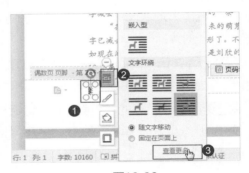

图12-31   图12-32

Step 07 ❶在打开的"布局"对话框中单击"对齐方式"下拉列表框，❷选择"右对齐"选项，单击"确定"按钮，❸返回到文档中单击"页眉页脚"选项卡中的"关闭"按钮，退出页眉页脚编辑状态，如图12-33所示。

图12-33

本节制作出的效果为一页中的页眉和页码左对齐或右对齐，与该页相邻的页面页眉和页码的位置相反，这样的设置，主要为了方便文档打印出来，装订成册。

12.1.7　为活动企划插入目录

一份完整的活动企划文档还应当包含目录，以方便阅览的人快速找到想要查看的内容。在12.1.1中已经为所有需要展示标题设置了段落层级，所以这里直接引用即可快速完成目录。

Step 01 将文本插入点定位到文档正文之前，即"一、企划缘起"文本之前，❶单击"目录页"下拉按钮，❷在下拉菜单中选择第3个目录格式，如图12-34所示。

Step 02 将鼠标光标移动到目录页的页脚位置双击，进入页眉页脚编辑状态，❶单击"删除页码"下拉按钮，❷选择"本页"选项，并退出页眉页脚编辑状态，如图12-35所示。

图12-34

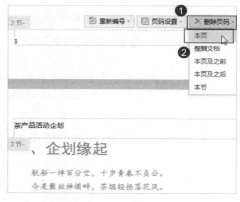

图12-35

TIPS *通过"引用"选项卡插入目录*

与上述操作不同的是，通过"引用"选项卡添加目录只会在文本插入点位置添加目录，不会新建目录页。因此，通过"引用"选项卡添加目录前，需要手动插入空白目录页。

的动画效果，最终将其导出为视频即可。

素材文件	◎素材\Chapter 12\新书推广视频\
效果文件	◎效果\Chapter 12\新书推广视频\

12.2.1　制作企业文化展示演示文稿母版

在制作演示文稿之前，首先需要制作幻灯片母版，再利用母版即可高效制作幻灯片。

Step 01 ❶新建"外贸类新书推荐视频"演示文稿，❷单击"视图"选项卡中的"幻灯片母版"按钮，如图12-39所示。

Step 02 选择幻灯片主母版，❶单击"幻灯片母版"选项卡中的"背景"按钮，❷在打开的窗格中选中"图片或纹理填充"单选按钮，❸单击"图片填充"下拉列表框，❹选择"本地文件"命令，如图12-40所示。

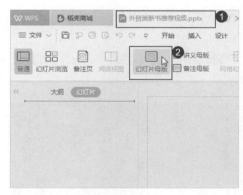

图12-39

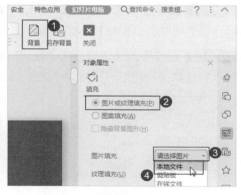

图12-40

Step 03 ❶在打开的对话框中选择文件的保存位置，❷双击需要插入的背景图片"1.png"，如图12-41所示。

Step 04 复制3张空白板式的母版幻灯片，用同样的方式分别插入"2.jpg""3.png""4.png""5.png"背景图，最后将其他无用的母版删除，单击"关闭"按钮退出母版编辑状态，如图12-42所示。

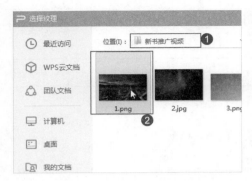

图12-41　　　　　　　　　　　　　　　　　　　　　图12-42

12.2.2　制作总介幻灯片

这部分幻灯片包括用于展示的名称、类别等信息，涉及的知识点有插入图形、添加动画、插入音频以及插入视频等操作，下面进行具体介绍。

Step 01 ❶单击"插入"选项卡下的"新建幻灯片"按钮下方的下拉按钮，❷选择合适的版式创建幻灯片，如图12-43所示。

Step 02 通过插入形状的方式，在幻灯片中绘制圆形，并设置透明度，再绘制线段，并让其按照圆形进行排列，如图12-44所示。

图12-43　　　　　　　　　　　　　　　　　　　　　图12-44

Step 03 ❶选择绘制的所有形状，❷单击"绘图工具"选项卡下的"组合"下拉按钮，❸选择"组合"选项，如图12-45所示。

Step 04 用同样的方式在圆形四周绘制曲线，并将相对位置的曲线进行组合，效果如图12-46所示。

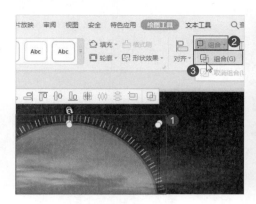

图12-45

图12-46

Step 05 ❶在圆形中间插入文本框，并录入"新手学 外贸书籍"文本，❷设置其字体格式为"方正大黑简体，60，加粗"，如图12-47所示。

Step 06 选择初始绘制的圆形组合形状，在"动画"选项卡中的动画栏中选择"渐变"选项，❶在"自定义动画"窗格中的"开始"下拉列表框中选择"之后"选项，❷在"速度"下拉列表框中选择"快速"选项，如图12-48所示。

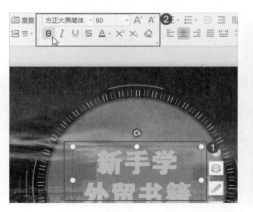

图12-47

图12-48

Step 07 以同样的方法为其他形状或组合设置合适的动画效果，让整个画面变得生动，如图12-49所示。

Step 08 ❶单击"插入"选项卡下的"音频"按钮下方的下拉按钮，❷选择"嵌入背景音乐"命令，在打开的对话框中选择要插入的素材音频"bgm.m4a"进行插入即可，如图12-50所示。

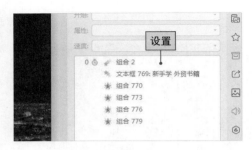
图12-49

图12-50

Step 09 复制第一张幻灯片，添加一个文本框，在两个文本框中分别输入"2019·畅销书"和"全三册"文本，并设置合适的动画效果，如图12-51所示。

Step 10 以任意母版版式插入一张幻灯片，❶单击"插入"选项卡下的"视频"按钮下方的下拉按钮，❷选择"嵌入本地视频"命令，如图12-52所示，在打开的对话框中选择要插入的视频"背景视频.mp4"进行插入。

图12-51

图12-52

Step 11 ❶插入"book4.png"素材文件，调整为合适的大小，插入文本框，输入"重磅推出！"文本，并设置字体格式，❷设置合适的动画效果即可完成本页的制作，如图12-53所示。

图12-53

12.2.3　制作第一本书的推荐幻灯片

第一部分对3本书进行了整体介绍，相当于开篇，接下来将分别介绍3本书的重点内容，在本书将具体制作第一本书的推荐。

Step 01 单击"插入"选项卡下的"新建幻灯片"按钮下方的下拉按钮，选择合适的版式创建幻灯片，如图12-54所示。

Step 02 在幻灯片中插入文本框，输入"理清外贸全流程"文本，设置字体格式为"微软雅黑，80，加粗"，如图12-55所示。

图12-54　　　　　　　　　　　　　　　　　图12-55

Step 03 ❶选择新创建的幻灯片，❷在"切换"选项卡中的切换效果栏中选择"推出"选项，如图12-56所示。

Step 04 复制5张制作好的幻灯片，在前4张中分别录入需要的文本内容，如图12-57所示。

图12-56　　　　　　　　　　　　　　　　　图12-57

Step 05 切换到复制的最后一张幻灯片，清除其中的内容，插入"book2.png"

素材图片，在动画栏中选择"渐变式缩放"选项，再选择"直线"选项，在对象上绘制动画路径，如图12-58所示。

Step 06 在幻灯片中通过插入形状的方式绘制两个矩形和两个小三角形，进行组合并填充颜色，如图12-59所示。

图12-58

图12-59

Step 07 在幻灯片中的合适位置插入文本框并录入文本，最后将绘制的形状和文本框进行组合，如图12-60所示。

Step 08 复制3个之前创建的形状组合，并对其中的文本进行修改，如图12-61所示。

图12-60

图12-61

Step 09 依次选择右侧的形状组合对象，在"动画"选项卡中的动画栏中选择"飞入"选项，对右侧4个组合对象设置进入动画，如图12-62所示。

Step 10 ❶在"自定义动画"窗格中的列表框中按住【Ctrl】键，选择第二项后的所有选项，❷在"开始"下拉列表框中选择"之后"选项，如图12-63所示。

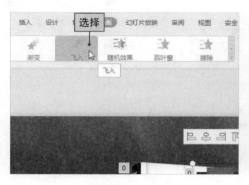

图12-62

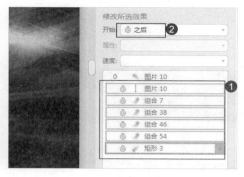

图12-63

12.2.4 制作其他两本书的推荐幻灯片

在本幻灯片中其他两本书的推荐幻灯片与第一本书十分相似，操作也基本相同，下面具体介绍制作方法。

Step 01 单击左侧"幻灯片"栏底部的 + 按钮，选择合适的版式创建幻灯片，如图12-64所示。

Step 02 以同样的方法复制幻灯片并在其中录入文本，在最后一张幻灯片中插入"book3.png"素材图片，最后绘制形状并添加动画效果，如图12-65所示。

图12-64

图12-65

Step 03 单击左侧"幻灯片"栏底部的 + 按钮，选择合适的版式创建幻灯片，如图12-66所示。

Step 04 以同样的方法复制幻灯片并在其中录入文本，在最后一张幻灯片中插入"book1.png"素材图片，最后绘制形状并添加动画效果，如图12-67所示。

图12-66

图12-67

12.2.5 制作资源赠送和结尾幻灯片

本部分主要介绍随推广的书籍附赠的各种音频、同步练习资源，并制作幻灯片的结尾。主要包括为对象添加动画以及为幻灯片设计合适的切换效果。

Step 01 单击左侧"幻灯片"栏底部的 + 按钮，选择合适的版式创建幻灯片，如图12-68所示。

Step 02 在幻灯片中录入合适的推广文本并设置字体格式，然后为所有的对象设置合适的动画效果，如图12-69所示。

图12-68

图12-69

Step 03 以同样的方法创建一张幻灯片，❶插入"7.png"素材图片，❷在幻灯片中添加文本，并设置相应的动画效果，如图12-70所示。

Step 04 选择任意幻灯片母版版式新建最后一张幻灯片，插入"6.png"，拖动图

片左上角的控制点使其大小超过幻灯片大小而将幻灯片覆盖，如图12-71所示。

图12-70　　　　　　　　　　　　图12-71

Step 05 ❶选择插入的图片，❷在"动画"选项卡中的动画效果栏中选择"直线"选项，如图12-72所示。

Step 06 ❶按下鼠标左键不放在图片上绘制向右的动画路径，❷创建与幻灯片同样大小的形状，如图12-73所示。

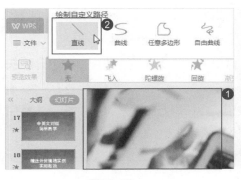

图12-72　　　　　　　　　　　　图12-73

TIPS 通过选择窗格显示需要的对象

在幻灯片中如果包含的内容和元素较多，要想选择对其中的部分元素设置效果比较麻烦，此时可以单击"开始"选项卡中的"选择窗格"按钮，在打开的窗格中仅选择要查看的元素即可单独查看。

Step 07 将绘制的图形移动到幻灯片的位置，❶设置填充色为"黑色"，❷设置其透明度为"50%"，如图12-74所示。

Step 08 在形状上的合适位置插入文本框并录入文本，设置文本格式，并设置合适的动画效果和向上的动画路径，如图12-75所示。

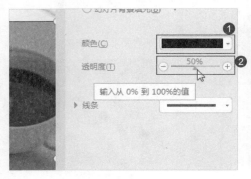

图12-74

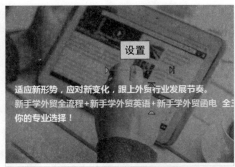

图12-75

12.2.6 将演示文稿输出为视频文件

通过前面几步操作基本上可以完成外贸类新书推荐演示文稿的制作，在导出视频之前，首先需要预览幻灯片放映效果，确认无误后，将其保存为视频即可。

Step 01 ❶单击"幻灯片放映"选项卡，❷单击"从头开始"按钮，即可开始从头放映幻灯片，如图12-76所示。

Step 02 确认无误后，❶单击"文件"按钮，❷在弹出的下拉菜单中选择"另存为/输出为视频"命令，如图12-77所示。

图12-76

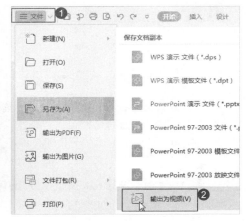

图12-77

Step 03 ❶在打开的"另存为"对话框中选择文件的保存位置，设置文件名为"外贸类新书推荐视频"，❷取消选中"同时导出WebM视频播放教程"复选框，❸单击"保存"按钮，如图12-78所示。

图12-78

Step 04 完成输出操作后可以在保存路径文件夹中查看到该视频，双击该视频，即可播放，如图12-79所示。

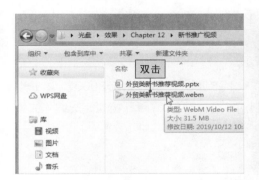 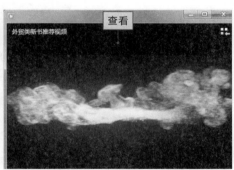

图12-79

12.3 利用WPS表格管理企业工资数据

企业工资数据的管理主要包括工资数据的计算、数据汇总、数据筛选、数据排序以及通过数据透视表分析数据等，下面进行具体介绍。

素材文件	◎素材\Chapter 12\无
效果文件	◎效果\Chapter 12\×公司11月份工资明细数据.xlsx

12.3.1 构建基本表格并完成数据计算

在对企业工资数据进行管理之前，首先需要构建表格，并录入相应的表格数据，再进行数据计算即可，相关操作如下。

Step 01 ❶新建"×公司11月份工资明细数据"工作簿，❷重命名工作表为"工资表"，❸在A1:L1单元格区域中录入表头数据，如图12-80所示。

图12-80

Step 02 ❶选择所有的表头单元格，❷在"开始"选项卡下的"字体"组中设置字体格式为"微软雅黑，12，加粗"，❸单击"填充颜色"按钮右侧的下拉按钮，❹选择"橙色"选项，如图12-81所示。

Step 03 ❶在A2:A3单元格区域中输入"SMQB0001"和"SMQB0002"，❷选择A2:A3单元格区域，拖动右下角的控制柄，填充到A101单元格，完成编号的填充，如图12-82所示。

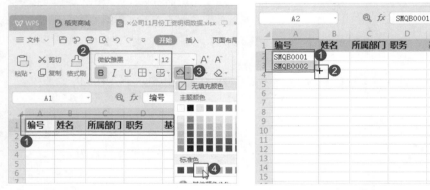

图12-81   图12-82

Step 04 ❶选择C2:C101单元格区域，❷在"数据"选项卡中单击"有效性"按钮下方的下拉按钮，❸选择"有效性"命令，如图12-83所示。

Step 05 ❶在打开的"数据有效性"对话框中设置允许为"序列"，❷设置来源为"总务部,销售部,后勤处,行政中心,厂务部,采购部,财务部"，并设置提示信息和出错警告，❸完成后单击"确定"按钮，如图12-84所示。

图12-83　　　　　　　　　　　图12-84

Step 06 在B2:G101单元格区域录入数据，❶选择A1:L101单元格区域，❷单击
"水平居中"按钮，❸单击"所有框线"按钮右侧的下拉按钮，❹选择"所有框
线"选项，如图12-85所示。

Step 07 设置E:L列的单元格格式为"会计专用"，❶选择H2:H101单元格区域，
❷在编辑栏中输入"=SUM(E2:G2)"公式，按【Ctrl+Enter】组合键即可计算应
发工资，如图12-86所示。

图12-85　　　　　　　　　　　图12-86

12.3.2 将各部门基本工资、提成、奖金数据进行汇总

在工作表中要对多项数据进行汇总，可以使用分类汇总功能快速实
现，最后将汇总结果保存到新工作表中即可，相关操作如下。

Step 01 选择工作表中任意数据单元格，❶单击"数据"选项卡中的"分类汇
总"按钮，❷在打开的"分类汇总"对话框中设置分类字段为"所属部门"，❸

在列表框中选中"基本工资""提成工资"和"奖励补助"复选框，单击"确定"按钮，如图12-87所示。

Step 02 ❶单击工作表左侧窗格中的❷按钮，只显示各部门汇总数据，❷新建"部门工资分析"工作表，如图12-88所示。

图12-87

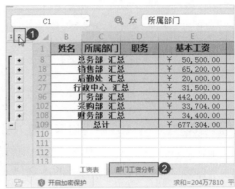

图12-88

Step 03 选择A1:L109单元格区域，按【Ctrl+G】组合键打开"定位"对话框，❶选中"可见单元格"单选按钮，❷单击"定位"按钮，如图12-89所示。通过复制粘贴方式，将选择的数据粘贴到"部门工资分析"工作表中的A2单元格。

Step 04 在"部门工资分析"工作表中重新调整单元格的列宽，删除多余的单元格列，并添加表格标题，如图12-90所示。

图12-89

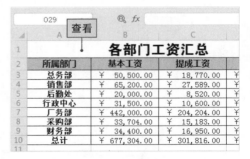

图12-90

12.3.3 计算应纳税额和实发工资

上述工资表中的数据并不够完整，下面主要介绍在工资表中计算应纳税额和员工实发工资，完善表格。主要涉及的知识包括使用公式和函数进行数据计算。

Step 01 切换到"工资表"工作表，❶选择任意数据单元格（或整个表格），打开"分类汇总"对话框，❷单击"全部删除"按钮即可删除分类汇总，如图12-91所示。

Step 02 在工作表中分别录入考勤扣除数据和社保扣除数据，❶选择J2:J101单元格区域，❷在编辑栏中输入"=ROUND(MAX((H2-I2-K2-5000)*{0.03,0.1,0.2,0.25,0.3,0.35,0.45}-{0,210,1410,2660,4410,7160,15160},0),2)"公式，按【Ctrl+Enter】组合键即可计算个税扣除，如图12-92所示。

图12-91　　　　　　　　　　　　图12-92

Step 03 ❶选择L2:L101单元格区域，❷在编辑栏中输入"=H2-I2-J2-K2"，按【Ctrl+Enter】组合键即可计算实发工资，如图12-93所示。

Step 04 ❶选择A2:L101单元格区域，并复制，❷单击鼠标右键，选择"粘贴为数值"命令将其转换为值的形式，如图12-94所示。

图12-93　　　　　　　　　　　　图12-94

TIPS 个税扣除计算说明

在上述的计算公式中"(H2-I2-K2-5000)"计算应纳税金额，"{0.03,0.1,0.2,0.25,0.3,0.35,0.45}"中表示纳税的各级税率，"{0,210,1410,2660,4410,7160,15160}"表示各级税率对应的速算扣除数。个税计算公式：个人所得税=应纳税额*税率-速算扣除数，用MAX()函数取其中的最大值，ROUND()函数将数字四舍五入到指定的位数；ROUND(number, num_digits)，number表示要四舍五入的数字；num_digits表示 要进行四舍五入运算的位数。

12.3.4　筛选厂务部工资过万且无考勤扣除的员工数据

要筛选厂务部工资过万且无考勤扣除的员工数据，这是一个多条件筛选，可以使用筛选面板进行多次筛选，得到最终结果。这里使用高级筛选方式，快速筛选出符合要求的员工数据。

Step 01 ❶在E105:G106单元格区域中输入筛选条件，为其设置格式，❷选择数据源中任意数据单元格，❸单击"开始"选项卡下的"筛选"下拉按钮，❹选择"高级筛选"命令，如图12-95所示。

Step 02 ❶在打开的"高级筛选"对话框中选中"将筛选结果复制到其他位置"单选按钮，❷在"条件区域"参数框中选择E105:G106单元格区域，❸在"复制到"参数框中选择A108单元格，❹单击"确定"按钮，如图12-96所示。

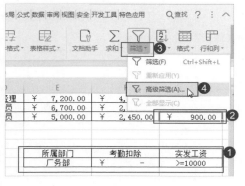

图12-95

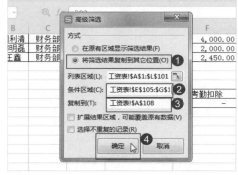

图12-96

Step 03 返回到工作表中可以查看到筛选结果，用户可以直接将筛选结果复制到其他位置，如图12-97所示。

	编号	姓名	所属部门	职务	基本工资	提成工资	奖励补助	应发工资
108								
109	SMQB0027	谢宝珍	厂务部	职员	¥ 6,500.00	¥ 3,660.00	¥ 714.00	¥ 10,874.00
110	SMQB0030	刘猛	厂务部	职员	¥ 6,500.00	¥ 4,480.00	¥ 268.00	¥ 11,248.00
111	SMQB0043	苏岩	厂务部	助理	¥ 6,500.00	¥ 4,015.00	¥ 228.00	¥ 10,743.00
112	SMQB0044	谭媛文	厂务部	职员	¥ 6,500.00	¥ 4,112.00	¥ 618.00	¥ 11,230.00
113	SMQB0060	陈姬	厂务部	职员	¥ 6,500.00	¥ 4,371.00	¥ 688.00	¥ 11,559.00
114	SMQB0064	闫品	厂务部	职员	¥ 6,500.00	¥ 4,076.00	¥ 275.00	¥ 10,851.00
115	SMQB0065	曾曦	厂务部	职员	¥ 6,500.00	¥ 4,242.00	¥ 450.00	¥ 11,192.00
116	SMQB0068	肖合伟	厂务部	职员	¥ 6,500.00	¥ 3,777.00	¥ 715.00	¥ 10,992.00
117	SMQB0071	黄河	厂务部	职员	¥ 6,500.00	¥ 4,214.00	¥ 109.00	¥ 10,823.00
118	SMQB0072	何寄	厂务部	职员	¥ 6,500.00	¥ 4,223.00	¥ 492.00	¥ 11,215.00
119	SMQB0073	胡琦	厂务部	职员	¥ 6,500.00	¥ 3,918.00	¥ 314.00	¥ 10,732.00
120	SMQB0076	刘翔	厂务部	助理	¥ 6,500.00	¥ 4,202.00	¥ 336.00	¥ 11,038.00
121	SMQB0082	黄小红	厂务部	助理	¥ 6,500.00	¥ 4,151.00	¥ 74.00	¥ 10,725.00
122	SMQB0083	于伟	厂务部	职员	¥ 6,500.00	¥ 3,271.00	¥ 776.00	¥ 10,547.00

图12-97

12.3.5 将所有员工按工资高低进行排序

排序员工工资的操作比较简单，选择该列任意数据单元格，进行排序即可，下面进行具体介绍。

Step 01 删除12.3.4节中创建的筛选条件和筛选结果，❶选择任意数据单元格，❷单击"数据"选项卡中的"排序"按钮，如图12-98所示。

Step 02 ❶在打开的"排序"对话框中的主要关键字的"列"下拉列表框中选择"实发工资"选项，❷设置次序为降序，❸单击"确定"按钮，如图12-99所示。

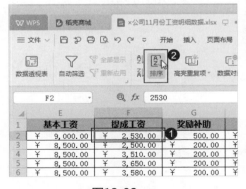

图12-98

图12-99

Step 03 返回到工作表中可以查看到所有的表格数据，按照实发工资数据进行了降序排列，如图12-100所示。

基本工资	提成工资	奖励补助	应发工资	考勤扣除	个税扣除	社保扣除	实发工资
¥ 7,500.00	¥ 5,000.00	¥ 1,400.00	¥ 13,900.00	¥ -	¥ 657.64	¥ 223.65	¥ 13,018.71
¥ 8,200.00	¥ 4,219.00	¥ 487.00	¥ 12,906.00	¥ 200.00	¥ 538.24	¥ 223.65	¥ 11,944.11
¥ 8,500.00	¥ 3,650.00	¥ 200.00	¥ 12,350.00	¥ -	¥ 502.64	¥ 223.65	¥ 11,623.71
¥ 8,000.00	¥ 3,500.00	¥ 900.00	¥ 12,400.00	¥ 100.00	¥ 497.64	¥ 223.65	¥ 11,578.71
¥ 8,500.00	¥ 3,580.00	¥ 200.00	¥ 12,280.00	¥ -	¥ 495.64	¥ 223.65	¥ 11,560.71
¥ 8,500.00	¥ 3,510.00	¥ 200.00	¥ 12,210.00	¥ -	¥ 488.64	¥ 223.65	¥ 11,497.71
¥ 9,000.00	¥ 2,530.00	¥ 500.00	¥ 12,030.00	¥ -	¥ 470.64	¥ 223.65	¥ 11,335.71
¥ 8,000.00	¥ 3,510.00	¥ 505.00	¥ 12,015.00	¥ -	¥ 469.14	¥ 223.65	¥ 11,322.21
¥ 7,200.00	¥ 4,000.00	¥ 1,100.00	¥ 12,300.00	¥ 300.00	¥ 467.64	¥ 223.65	¥ 11,308.71
¥ 8,500.00	¥ 2,500.00	¥ 785.00	¥ 11,785.00	¥ -	¥ 446.14	¥ 223.65	¥ 11,115.21
¥ 6,500.00	¥ 4,371.00	¥ 688.00	¥ 11,559.00	¥ -	¥ 423.54	¥ 223.65	¥ 10,911.81
¥ 7,000.00	¥ 4,399.00	¥ 200.00	¥ 11,599.00	¥ 100.00	¥ 417.54	¥ 223.65	¥ 10,857.81
¥ 7,500.00	¥ 3,517.00	¥ 411.00	¥ 11,428.00	¥ -	¥ 410.44	¥ 223.65	¥ 10,793.91
¥ 6,500.00	¥ 4,127.00	¥ 754.00	¥ 11,381.00	¥ -	¥ 405.74	¥ 223.65	¥ 10,751.61
¥ 6,500.00	¥ 4,480.00	¥ 268.00	¥ 11,248.00	¥ -	¥ 392.44	¥ 223.65	¥ 10,631.91
¥ 7,500.00	¥ 3,200.00	¥ 543.00	¥ 11,243.00	¥ -	¥ 391.94	¥ 223.65	¥ 10,627.41
¥ 6,500.00	¥ 4,112.00	¥ 618.00	¥ 11,230.00	¥ -	¥ 390.64	¥ 223.65	¥ 10,615.71

图12-100

12.3.6 创建数据透视表分析各部门的平均工资

使用数据透视表可以高效地对数据源中需要分析的数据进行分析，下面进行具体介绍。

Step 01 ❶新建"平均工资分析"工作表，❷选择"工资表"工作表中任意数据单元格，❸单击"插入"选项卡中的"数据透视表"按钮，如图12-101所示。

Step 02 ❶在打开的"创建数据透视表"对话框选中"现有工作表"单选按钮，❷在参数框中选择"平均工资分析"工作表中的A3单元格，❸单击"确定"按钮创建数据透视表，如图12-102所示。

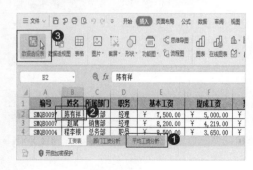

图12-101

图12-102

Step 03 切换到"平均工资分析"工作表，对数据透视表进行布局，如图12-103所示。

Step 04 在 "值"区域单击 "求和项：基本工资"字段，选择 "值字段设置"命令，如图12-104所示。

图12-103

图12-104

Step 05 ❶在打开的 "值字段设置"对话框中的列表框中选择 "平均值"选项，❷在 "自定义名称"文本框中输入 "平均基本工资"，单击 "确定"按钮，如图12-105所示。

Step 06 用同样的方法将 "值"区域中的其他几个字段都更改为求平均值，在工作表中查看效果，如图12-106所示。

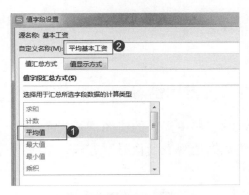

图12-105

图12-106

Step 07 ❶选择B4:E11单元格区域，按【Ctrl+1】组合键打开 "单元格格式"对话框，❷在 "分类"栏中选择 "自定义"选项，❸在 "类型"文本框中输入 "0.0"文本，单击 "确定"按钮，如图12-107所示。

Step 08 ❶选择A3:E11单元格区域，❷在 "设计"选项卡中的数据透视表样式栏中选择 "数据透视表样式深色 2"选项，如图12-108所示。

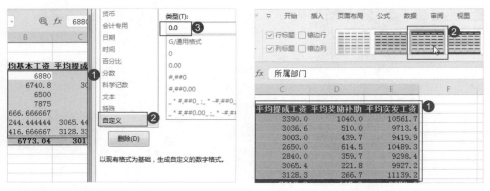

图12-107 图12-108

Step 09 为数据透视表套用内置样式后返回到工作表中即可查看到最终效果，如图12-109所示。

所属部门	平均基本工资	平均提成工资	平均奖励补助	平均实发工资
财务部	6880.0	3390.0	1040.0	10561.7
采购部	6740.8	3036.6	510.0	9713.4
厂务部	6500.0	3003.0	439.7	9419.9
行政中心	7875.0	2650.0	614.5	10489.3
后勤处	6666.7	2840.0	359.7	9298.4
销售部	7244.4	3065.4	221.8	9927.2
总务部	8416.7	3128.3	266.7	11139.2
总计	6773.0	3018.2	447.9	9679.6

图12-109

12.3.7 使用饼图分析各个部门工资占比情况

分析各数据的占比情况可以使用WPS表格中提供的饼图进行展示，在本案例中首先创建数据透视表，并调整数据透视表的值显示方式，最终创建数据透视图，相关操作如下。

Step 01 选择"工资表"中任意数据单元格，单击"插入"选项卡下的"数据透视表"按钮，❶在打开的"创建数据透视表"对话框中选中"新工作表"单选按钮，❷单击"确定"按钮即可，如图12-110所示。

Step 02 重命名新建的工作表为"各部门工资占比"，在打开的"数据透视表"任务窗格中对数据透视表进行布局，❶将"所属部门"字段布局到"行"区域中，❷将"实发工资"字段布局到"值"区域中，如图12-111所示。

图12-110

图12-111

Step 03 ❶在"值"区域中单击"求和项：实发工资"字段，❷在弹出的下拉菜单中选择"值字段设置"命令，如图12-112所示。

Step 04 ❶在打开的对话框的"值显示方式"选项卡中单击"值显示方式"下拉列表框，❷在"值显示方式"下拉列表框中选择"总计百分比"选项，❸在"自定义名称"文本框中输入"各部门占比"文本，单击"确定"按钮，如图12-113所示。

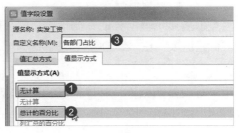

图12-112

图12-113

Step 05 选择A3:B10单元格区域，单击"分析"选项卡中的"数据透视图"按钮，如图12-114所示。

Step 06 ❶在打开的"插入图表"选项卡中单击"饼图"选项卡，❷双击右侧的"饼图"按钮插入饼图，如图12-115所示。

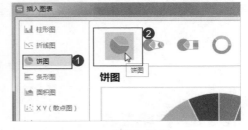

图12-114

图12-115

Step 07 ❶选择插入的图表，❷单击"图表工具"选项卡中的"快速布局"下拉按钮，❸选择"布局1"选项快速布局，如图12-116所示。

Step 08 在"图表标题"文本框中输入"各部门工资占比分析"文本，❶选择图表中的数据系列，单击鼠标右键，❷选择"设置数据系列格式"命令打开"属性"任务窗格，如图12-117所示。

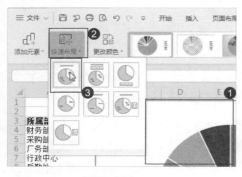

图12-116

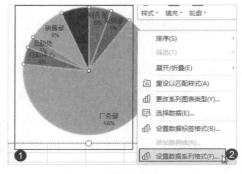

图12-117

Step 09 ❶选择所有的数据标签，❷在打开的窗格中单击"标签"选项卡，展开"标签选项"栏，❸选中"数据标签外"单选按钮，如图12-118所示。

Step 10 调整数据标签的位置，并分别设置图表标题为"方正大黑简体，20，加粗"，设置数据标签字体格式为"微软雅黑，9，加粗"完成图表的制作，如图12-119所示。

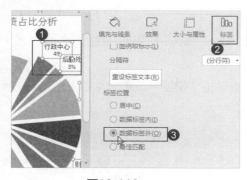

图12-118

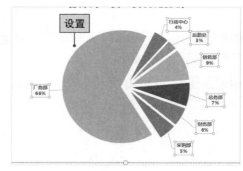

图12-119

12.3.8　打印报表

完成表格制作和数据分析后，为了方便他人查看或存档，还需要将报表打印出来，下面具体介绍报表打印的操作。

Step 01 单击"页面布局"选项卡下的"页面设置"组中的"对话框启动器"按钮，如图12-120所示。

Step 02 ❶在打开的"页面设置"对话框的"方向"栏中选中"横向"单选按钮，❷单击"页边距"选项卡，如图12-121所示。

图12-120

图12-121

Step 03 分别设置上、下、左、右的页边距，单击"确定"按钮返回工作表，如图12-122所示。

Step 04 单击快速访问工具栏中的"打印预览"按钮，❶在打开的界面中预览打印效果，选择合适的打印设备，❷单击"直接打印"按钮即可打印报表，如图12-123所示。

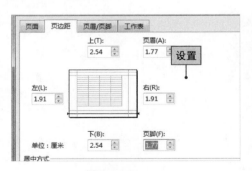

图12-122

图12-123